ALBUM

INDUSTRIEL ET FINANCIER

ILLUSTRÉ

PUBLIÉ SOUS LES AUSPICES

DE LA

BANQUE DE PRÊTS A L'INDUSTRIE

SOCIÉTÉ ANONYME

AU CAPITAL DE VINGT MILLIONS DE FRANCS

Rue Taitbout, 7 et 9, à Paris

PARIS

IMPRIMERIE CENTRALE DES CHEMINS DE FER

A. CHAIX ET Cie

RUE BERGÈRE, 20, PRÈS DU BOULEVARD MONTMARTRE

1881

THÉORIE GÉNÉRALE

DU CRÉDIT

———

SON ORGANISATION EN FRANCE

————————

LA BANQUE DE PRÊTS A L'INDUSTRIE

LE CRÉDIT

CHAPITRE PREMIER

Notions préliminaires. — Définition du Crédit en général. — Détermination de ses limites.

Les développements que comporte ce titre général seraient d'une compréhension assez difficile, si nous ne prenions soin de donner, d'abord, quelques définitions empruntées à la théorie pure. Elles nous permettront de faire plus exactement la part de chaque application du CRÉDIT : à la propriété foncière, *Crédit foncier ;* à l'industrie proprement dite, *Crédit industriel ;* à l'industrie agricole, *Crédit agricole ;* et enfin au commerce, *Crédit commercial.*

* *
*

Le CRÉDIT peut être défini : la faculté d'emprunter. Mais l'emprunt présuppose le prêt, c'est-à-dire la disponibilité d'un capital, disponibilité essentiellement variable dans sa nature et surtout dans le temps. En d'autres termes, un capital disponible n'est matière à crédit que dans des conditions spéciales.

Le capital, en effet, est l'ensemble des économies réalisées dans le milieu social, à un moment donné ; c'est l'accumulation successive du *produit net* du travail social continué pendant une certaine durée : n'est-ce pas pendant des siècles qu'il faudrait dire ?

Mais cette accumulation du capital revêt diverses formes qu'on peut ramener à quatre principales : *capital fixe, capital d'échange, capital matières* ou de consommation, et *capital libre*.

La part du capital social dénommée *capital fixe* est celle qui a reçu son appropriation définitive ; elle n'intervient plus dans la production ultérieure que par ses résultats économiques. C'est une machine, un immeuble, un chemin de fer, etc. On peut bien la mobiliser, c'est-à-dire la représenter par un ensemble de *titres* négociables sur les marchés de valeurs, c'est-à-dire dans les Bourses, mais le capital initial n'en reste pas moins sous la forme *fixe* qu'il a une fois reçue. S'il peut bien servir de garantie à un prêt, on conçoit qu'il ne saurait plus intervenir directement, dans une opération de crédit, en dehors de la destination qu'il a reçue.

Nous entendons par *capital d'échange*, le numéraire qui est l'organe, le moyen terme des transactions. Ce n'est, au fond et dans la limite des besoins de l'échange, qu'une fraction du *capital fixe :* elle, non plus, n'est pas susceptible d'un emploi autre que celui qui lui est assigné par destination.

Qu'on ne s'y trompe pas, si le numéraire est l'organe du prêt, il n'est pas le prêt lui-même : il ne serait en effet d'aucun usage pour l'emprunteur si celui-ci ne trouvait pas, dans la circulation, les objets mêmes qui sont finalement le but et l'utilisation de son emprunt. La preuve en est que dans un milieu bien organisé, le numéraire peut être remplacé par de simple papier, par un simple signe, sans valeur intrinsèque.

On pourrait être tenté de nous objecter le bijoutier, l'orfèvre, qui sauraient bien l'utiliser. Mais qui ne voit que, dans ce cas particulier, l'or ou l'argent deviennent de simples marchandises et perdent leur destination de « signes d'échange » ? Ce n'est pas sans raison que nous avons écrit tout à l'heure, « dans les limites des besoins de l'échange, » car en dehors de ces limites, l'or et l'argent ne sont plus que des marchandises courantes, des matières qui rentrent dans la catégorie de la troisième forme du capital :

*
* *

Le capital matières. Le capital, sous cette forme, est à la fois l'objet, l'instrument et le résultat du travail. C'est l'ensemble des matières premières destinées à la consommation, soit sous leur forme initiale, c'est-à-dire telles qu'elles sortent des mains de la nature, soit sous les formes diverses que le travail leur fait subir en vue de la consommation. C'est à la fois *l'objet* de l'activité de l'homme qui doit contribuer à la production de ces matières, sous peine de périr; *l'instrument* sur lequel le travail s'exerce ; le *résultat* du travail dont il est la récompense.

Dans l'état économique actuel des sociétés humaines, cette part du capital, ce *capital matières* ou de *consommation* est généralement réalisé par anticipation en quantités assez grandes. On conçoit qu'il est très important que les quantités disponibles, c'est-à-dire qui n'ont pas leur emploi immédiat pour leurs détenteurs, puissent être prêtées aux consommateurs ou aux producteurs qui ont à les utiliser dans l'instant, à charge de les restituer au moment opportun. C'est ainsi seulement que toutes les forces sociales peuvent rester en pleine activité.

Le crédit apparaît ici directement. Il est aisé de saisir simultanément les termes qui en règlent l'action, c'est-à-dire un prêteur en possession d'un *capital matières* dont il n'a que faire ou dont il peut se priver pour le moment, et un emprunteur qui a besoin d'utiliser ce même capital, soit comme matière de consommation, soit comme matière première de son travail.

Les conditions indispensables pour que l'opération suive son cours, c'est la faculté de prêter et ensuite le consentement au prêt ; celui-ci est subordonné à la garantie de restitution au moment opportun.

*
* *

Si les titres qui servent à mobiliser le *capital fixe* sont du domaine des Bourses qui en sont les marchés publics, le *capital matières* est plus spécialement du domaine des Banques. C'est celles-ci qui en assurent la circulation, d'abord en s'en faisant les dépositaires sous des formes diverses, et ensuite en se faisant garantes de la restitution en temps opportun. — Notons que les banques peuvent également, par leur intervention, produire la réduction de la quantité de numéraire nécessaire aux échanges, en lui substituant de simples billets, ou au moyen de virements, de chèques, etc., tous procédés qui suppriment l'intervention des métaux précieux. C'est autant de gagné au profit du travail, puisque la part du *capital fixe*, devenue ainsi inutile sous forme de numéraire, peut être convertie en *capital fixe* productif, c'est-à-dire en machines ou installations diverses qui permettent à la main-d'œuvre de s'exercer bien plus efficacement et cependant avec de moins pénibles efforts. Le *capital fixe* est l'instrument par excellence du progrès, l'élément principal de la richesse générale, par les développements que son concours peut seul donner à la production.

Enfin, nous désignons sous le nom de *capital libre* la part du capital social soustrait à la consommation courante, à titre de bénéfice net de la production annuelle. C'est cette part qui seule peut être affectée à la formation du *capital fixe* ou à son entretien; c'est celle qui seule peut se présenter sur le marché et se substituer au capital précédemment immobilisé. Celui-ci fait retour alors, sous forme de *numéraire* ou de *capital matières* à son propriétaire, qui peut l'utiliser sous une de ces formes ou l'affecter, à son gré, à une autre destination.

Il est inutile d'insister pour faire comprendre que le *capital libre* peut seul être prêté sans espoir de retour, sans autre mode de restitution que sous forme d'une rente quelconque. C'est une économie que son propriétaire peut aliéner sans limite de temps, à l'encontre du *capital matières* dont l'aliénation est nécessairement toute temporaire.

* *
*

Avant de passer à la pratique du CRÉDIT, il convient de donner une idée des proportions qu'a acquises, dans les sociétés modernes, le capital sous les diverses formes que nous venons d'analyser.

Pour la France, le seul pays dont nous voulons nous occuper, l'importance du *capital fixe*, immeubles, machines, voies de transport, améliorations du sol, etc., etc., se chiffre par centaines de milliards!! Nous l'avons dit, ce capital n'intervient plus dans la circulation que par ses résultats économiques et par sa rente, c'est-à-dire la redevance qu'il produit au profit de ses propriétaires; il peut se louer mais non se prêter.

Le *capital numéraire*, d'après les dernières statistiques, paraît s'élever à 3 milliards d'or et 2 1/2 milliards d'argent. Nous négligeons les fractions et la monnaie de billon dont la valeur est toute conventionnelle.

Le *capital matières*, en d'autres termes, la production annuelle de la France, production sur laquelle vivent tous ses habitants, représente — rente comprise — au moins 25 milliards par an.

D'autre part, on estime que, sur cette production, la France peut économiser environ 2 milliards : telle serait la proportion annuelle de la formation du *capital libre*.

Le CRÉDIT, limité aux ressources de la France, a donc pour unique champ d'action : d'une part, une proportion plus ou moins forte des 25 milliards qui représentent notre production annuelle, la proportion de ce *capital matières* dont la consommation est susceptible d'ajournement; d'autre part, le produit net disponible, ce que nous avons appelé le *capital libre*, déduction faite de la partie de ce capital qui est forcément employée à l'entretien du *capital fixe*, et même à celui du *capital numéraire*. On conçoit que, malgré les efforts des banques, une grande partie de la matière du crédit échappe à l'emploi, et peut-être serait-ce une évaluation problématique que d'estimer la part qui entre dans la circulation, au quart de sa valeur intégrale : nous ne croyons pas qu'il existe de statistique à cet égard, ni même qu'il soit aisé d'en dresser une.

*
* *

Quoi qu'il en soit, il est essentiel de remarquer que le prêt du *capital matières* destiné à la consommation n'est disponible que transitoirement, qu'il doit être restitué à un moment donné, et qu'il ne peut, par conséquent, être immobilisé, c'est-à-dire transformé en *capital fixe*, sans produire aussitôt une *crise* qui peut emprunter divers caractères, mais qui résulte toujours d'un trouble quelconque apporté dans la répartition de l'épargne : la crise dure jusqu'à ce que l'équilibre soit rétabli par la formation d'un nouveau capital.

La part disponible du *capital libre* est seule susceptible d'une immobilisation; seule elle peut être prêtée à long terme. Son importance est très limitée comme on a vu, et ce n'est jamais sans inconvénient ni même sans danger pour la prospérité de notre pays, que nous pouvons nous laisser entraîner à l'exporter au dehors : le moindre des inconvénients d'une telle mesure est de nous priver des bénéfices de sa transformation sur place en *capital fixe*, qui permettrait à notre production d'acquérir tous ses développements.

Nous faisons bénévolement cadeau de ces bénéfices à l'étranger, moyennant une rente à peine rémunératrice, heureux quand cette rente est payée régulièrement, ce qui est une rare exception. Quant au capital, il ne nous revient généralement que fort entamé, si même il nous revient. Nous ne saurions trop le répéter, le *capital fixe* est le principal élément de la richesse d'une nation : ménager, à notre profit et avec jalousie, la part de la production, relativement congrue, qui est indispensable à son entretien et à sa progression, c'est un devoir strict pour le citoyen et le père de famille.

*
* *

Ces prémisses posées, l'étude des divers ordres de crédit que nous avons énumérés va devenir plus facile et plus fructueuse.

Il sera aisé de distinguer de suite, d'après la destination du prêt, à quelle source on peut puiser et quelle participation il est possible de demander à l'épargne. Nous aurons à étudier ensuite le degré de garantie que chaque emprunt pourra présenter, et enfin le mode à suivre pour assurer cette garantie.

Nous avons dit que la proportion de la richesse publique, susceptible d'être affectée aux prêts, dépendait, pour une grande part, des efforts des Banques pour amener les disponibilités dans la circulation. Après avoir rapidement examiné le fonctionnement des banques, dans la pratique des divers crédits, notamment le crédit foncier et le crédit commercial, nous aurons à voir, dans le même ordre d'idées, quelle est l'œuvre de la BANQUE DE PRÊTS A L'INDUSTRIE, quelles mesures elle a dû prendre dans l'intérêt du crédit industriel, quelles dispositions elle entend arrêter encore, et enfin quel est le degré de garantie offert aux capitaux qui ont bien voulu participer à ses créations ou y participeront dans l'avenir.

Tel est le programme de l'étude que nous avons à continuer

CHAPITRE II

Crédit Foncier.

La propriété foncière, comme son nom l'indique, a pour représentation le sol, valeur privilégiée entre toutes, en raison de sa fixité relative.

L'économie politique ne reconnaît cependant pas au sol une valeur propre, et en fait, il serait difficile de trouver quelque part un coin de terre cultivé, qui vaille intrinsèquement, à l'état autochtone, le capital qui y a été enfoui sous forme de main-d'œuvre, d'engrais, de voies d'accès, etc.

Ainsi comprise, la valeur du sol représente exclusivement un capital approprié, une part de ce que nous avons appelé *capital-fixe;* conséquemment, il en sera de même de tout emprunt hypothéqué sur le sol. Il n'y a là, en effet qu'une substitution de capital ne devant plus produire, comme le capital substitué, qu'une rente au profit du prêteur.

La fixité du gage rendait l'emprunt facile, malgré les difficultés opposées par le Code à la réalisation de l'hypothèque : le prêteur arguait de ces difficultés pour élever le taux de l'intérêt, voilà tout.

C'est dans ces termes que le prêt foncier s'est fait pendant longtemps et se pratique même encore aujourd'hui pour tous les petits propriétaires, soit directement, soit par l'intermédiaire de notaires et d'agents divers.

D'après une statistique récente, l'ensemble de ces prêts sous lesquels la propriété foncière succombe, s'élèverait à plus de 12 milliards ! Nous l'avons dit, ils sont faits à un taux très élevé, de telle sorte que l'intérêt dépasse le revenu dans la plupart des cas. Il ne faut pas songer au remboursement par des propriétaires obérés, alors qu'il n'est réalisable qu'en totalité ou par fraction d'une certaine importance.

Dans de telles conditions et en tenant compte surtout des frais et accessoires d'emprunt : frais de notaire, d'enregistrement, d'hypothèque, d'expertise, de commission, etc., ces prêts fonciers sont un soutien pour la propriété foncière, comme la corde pour le pendu : ils l'étranglent. Une fois engagée dans cette impasse, elle n'en sort que par la ruine.

Cette situation ne pouvait manquer d'attirer l'attention des pouvoirs publics et dès longtemps l'on s'était proposé de créer un établissement qui portât remède à de pareils abus. Le programme en était facile à tracer : il se résume dans les dispositions propres à neutraliser les effets déplorables du prêt « personnel » : les statuts du Crédit foncier de France ont été établis en 1848 sous l'égide de ce principe supérieur.

* *
* *

Ces statuts pourvoient d'abord à rendre indiscutable la fixité du gage. Le prêt n'est fait que jusqu'à concurrence de la moitié du prix fixé par une expertise ; les formalités légales et les frais de réalisation de l'hypothèque sont supprimés en grande partie : la responsabilité en incombe d'ailleurs au Crédit Foncier. Tout le capital de celui-ci sert en outre de garantie aux prêts réalisés ; enfin et par surcroît, les bénéfices de l'hypothèque sont le gage direct des créanciers. Ainsi se trouvent bien établies la *fixité* du gage et sa *réalisation* facile, certaine, sans frais ni formalités inutiles.

La garantie des intérêts, la fixité du gage, la certitude du remboursement : voilà certes des conditions précieuses pour obtenir le concours du capital. Il reste cependant à prévoir le cas où le prêteur désirerait rentrer dans ses avances avant l'échéance. On y a pourvu par la mobilisation des prêts qui se trouvent représentés par des obligations réalisables à volonté sur le marché. Enfin, comme nouvel attrait, ces obligations sont à lots, c'est-à-dire sous la forme qui a été longtemps, si elle ne l'est même encore, la plus attrayante pour le public.

On est arrivé ainsi à obtenir de l'argent dans les conditions les plus favorables relativement à l'état du marché, et aujourd'hui le Crédit foncier peut effectuer le prêt hypothécaire au taux de 4,45 0/0 et même à un taux moins élevé.

Le problème de la sûreté du prêt, de son bon marché, semble donc résolu, relativement au moins, et la question du remboursement a été elle-même l'objet d'une solution satisfaisante.

*
* *

Le prêt étant fait à long terme, — la limite est de 60 années, — il a été facile d'en assurer l'amortissement par une prime légère ajoutée à l'intérêt normal. Les statuts du Crédit foncier stipulent que le revenu de la propriété hypothécaire ne saurait, dans aucun cas, être inférieur à l'intérêt du prêt et à la prime d'amortissement réunis. Le propriétaire qui grève son immeuble est donc forcé, bon gré mal gré, de se dégager avec le temps, et ne se débat plus dans l'impasse où le confine le prêt personnel.

Enfin le Crédit Foncier ayant acquis une notoriété universelle, l'emprunteur n'a plus besoin de passer par les intermédiaires généralement onéreux du prêt personnel et peut ainsi emprunter, sans frais accessoires autres que les frais d'expertise.

Telle est, en résumé, l'organisation du Crédit Foncier. On voit que rien n'a été négligé pour atteindre le but : le prêt à bon marché.

Et cependant, cet établissement, privilégié entre tous, n'est arrivé, en plus d'un quart de siècle, qu'à prêter moins de 500 millions de francs à la propriété foncière proprement dite, c'est-à-dire celle qui a le sol pour représentation.

Le bilan du Crédit Foncier accuse bien, il est vrai, plus

d'un milliard de prêts *fonciers*, mais on comprend sous ce titre générique, à la fois le sol et la propriété bâtie, et c'est celle-ci qui absorbe la plus forte part. Encore le prêt sur la propriété bâtie s'est-il exercé de préférence sur les immeubles situés à Paris et dans quelques grandes villes, à l'exclusion des immeubles de la Province.

Cette situation, qu'on peut bien certes qualifier d'anormale, est-elle la faute de l'institution en elle-même ou de sa direction? Est-elle une conséquence des difficultés de l'emprunt ou du prêt foncier? L'épargne ne peut-elle y consacrer qu'une faible somme chaque année? L'obligation à lots a-t-elle fait son temps et faut-il recourir à une forme nouvelle plus rémunératrice? — Poser ces questions, ce n'est malheureusement pas les résoudre.

Nous avons vu naître il y a deux ans la Banque Hypothécaire de France qui s'est posée en rivale du Crédit Foncier. Certes la concurrence a eu un effet merveilleux : elle a fait réduire de 1 0/0 le taux des prêts fonciers, tel qu'il avait été pratiqué par le Foncier. Mais au point de vue de l'extension des prêts, quels en ont été les résultats? La quotité des prêts s'est accrue d'une centaine de millions, toujours avec les mêmes errements, c'est-à-dire au profit de la propriété bâtie.

⁎
⁎ ⁎

Tel est, à cette heure, le bilan total des prêts fonciers sans distinction : un peu plus de un MILLIARD pour les deux établissements.

Encore est-il à remarquer que ce milliard de prêts fonciers, réalisés en 30 ans, né porte guère que sur la grande propriété, et que la petite et même la moyenne ont difficilement accès près de nos deux établissements spéciaux.

Leur capital social réalisé, qui dépasse 100 millions, représente ainsi une garantie dans la proportion de 10 0/0 des prêts.

Les prêteurs, c'est-à-dire les obligataires, peuvent donc en toute sécurité dormir, comme on dit, sur les deux oreilles, mais les services rendus sont-ils à la hauteur des besoins, et si, les prêteurs sont satisfaits, en est-il de même de ceux qui sollicitent le prêt?

On conçoit que l'extension des opérations du Foncier et de l'Hypothécaire au profit des villes et en général des communes n'est qu'un hors-d'œuvre à cette heure.

Le crédit des communes est suffisamment établi à présent pour qu'elles puissent se suffire à elle-même. Les prêts communaux qui représentent, dans le bilan du Crédit Foncier 1 milliard 1/2 et qui ne sont motivés, pour la grande partie, que par la nécessité de tourner la loi, c'est-à-dire de remplacer, par des titres à lots interdits aux communes, les titres que celles-ci pouvaient émettre, ne sont d'aucune façon une application de « crédit foncier ».

Le champ exploité par nos deux établissements de crédit foncier est ainsi de médiocre envergure et l'on peut presque dire que la solution du problème n'est que préparée.

⁂

La propriété foncière, en France, succombe sous le faix de 12 milliards d'hypothèques, de 12 milliards qui lui ont été prêtés à trop haut intérêt et qu'il lui est impossible de rembourser. La dégrever de ce fardeau, voilà le problème à résoudre, sans préjudice des emprunts nouveaux dont elle a besoin pour assurer les développements de notre agriculture.

L'argent nécessaire à alimenter le prêt foncier doit être forcément emprunté à la part du capital que nous avons dénommée *capital libre* et qui atteint à peine un chiffre de 2 milliards par an. Quelle proportion peut s'immobiliser dans le prêt foncier? une faible proportion évidemment. De sorte que dégager les anciens prêteurs et satisfaire simultanément aux besoins nouveaux ne saurait être l'affaire d'un jour, bien qu'on puisse compter sur une substitution d'une sérieuse importance, si l'on arrive, par la transformation des créances, à donner aux prêteurs anciens l'équivalent des bénéfices qu'ils réalisent à cette heure.

Or, s'ils ont la fixité du gage, s'ils prélèvent un intérêt élevé, le remboursement du prêt est, pour la plupart, un mythe, et, pour tous, presqu'une impossibilité à cause des frais à faire et du temps à perdre. Ne peut-on établir entre ces divers éléments une certaine pondération, un terme moyen qui permettrait la transformation des anciennes hypothèques par leur mobilisation? Celle-ci ne déterminerait-elle pas un accroissement du capital qui ferait accepter la réduction du taux d'intérêt?

Quoi qu'il en soit, c'est là évidemment, et là seulement, que se trouve la solution du crédit foncier.

Cette solution ne paraît pas impraticable. Voici nos Chemins de fer, par exemple, qui représentent des placements d'une valeur à peu près égale : 10 à 12 milliards. Cette valeur, mobilisée par les titres qui la représentent, circule d'une main à l'autre sans aucune entrave, de telle sorte que la France n'éprouve aucune gêne de cette immobilisation de capitaux, empruntés, eux aussi, au *capital libre* successivement produit. Pourquoi n'en serait-il pas de même des prêts fonciers, et pourquoi les prêteurs seraient-ils plus difficiles à satisfaire que les porteurs d'obligations de nos chemins de fer, qui se contentent d'un revenu modeste?

Nos deux grands établissements spéciaux, le Crédit Foncier et la Banque Hypothécaire, opérant ensemble ou séparément, mais suivant des conditions et des règles déterminées, n'obtiendraient-ils pas l'adhésion de la grande masse des prêteurs, pour l'unification de notre dette foncière, et sa mobilisation sous forme d'un type unique d'obligations amortissables? Voilà, certes, une tentative de nature à séduire les esprits les plus hardis et les plus dévoués aux intérêts de leur pays.

* *
* *

Nous terminons là notre étude sur le Crédit foncier. Nous espérons que le lecteur dégagera facilement de ces considérations, brièvement indiquées, ce qui constitue le problème du prêt foncier, comme aussi de l'emprunt foncier. C'est de la combinaison des conditions propres à chaque opération que découlent les règles à suivre pour donner satisfaction à tous les intérêts. Nous en avons assez dit pour poser le problème, en fixer la portée et indiquer une solution : de là, à le résoudre, nous ne faisons pas difficulté d'avouer qu'il y a loin.

CHAPITRE III

Crédit industriel.

Le problème du crédit foncier, comme on vient de le voir, n'est que très incomplètement résolu en France, mais encore ce « crédit » a-t-il un et même deux organes, le Foncier et la Banque Hypothécaire, qui ont inauguré son fonctionnement rationnel.

Il n'avait rien été fait d'analogue pour le « *crédit industriel* », jusqu'à la création de la BANQUE DE PRÊTS A L'INDUSTRIE.

Avant d'entrer dans le développement du programme qui a présidé à la fondation de cette institution, nous déterminerons tout d'abord ce qu'il faut entendre par *crédit industriel*.

* * *

Une industrie en fonctionnement régulier comporte la propriété d'une usine, c'est-à-dire d'un bâtiment et d'un matériel d'exploitation ; il lui faut ensuite des approvisionnements de matières premières, et enfin un fonds de roulement pour couvrir les frais de main-d'œuvre et faciliter la vente à terme de sa production.

Les bâtiments de l'usine rentrent dans la catégorie des propriétés bâties et représentent une propriété foncière tributaire du crédit foncier. Il n'en est pas de même du matériel d'exploitation, bien que lui aussi représente un *capital fixe*. Si, dans quelques cas assez rares, il a été l'objet d'un prêt hypothécaire, c'est seulement par l'effet d'un bon vouloir personnel. Les établissements de crédit foncier ne s'y prêtent pas, et d'ailleurs l'hypothèque n'est applicable que sur le matériel inféodé à l'immeuble par destination. Pour le crédit industriel seul, le matériel industriel peut être considéré comme un gage relatif : nous dirons dans quelles conditions.

Les approvisionnements de matières premières sont du domaine commercial; ils ne représentent qu'une destination temporaire et, comme leur nom l'indique, ils rentrent dans le *capital matières*; le prêt qu'ils peuvent comporter est ainsi affaire de banque. Aucun industriel sérieux n'a jamais été embarrassé pour se procurer l'argent nécessaire à cet effet; c'est le prêt à 90 jours, empruntant ses ressources à tout le *capital matières* disponible.

Le capital appelé à favoriser la vente à terme des produits, rentre évidemment dans la même catégorie, et la banque ordinaire y pourvoit sans trop de difficulté.

*
* *

Reste à trouver le capital nécessaire au règlement de la main-d'œuvre et des frais divers dont toute industrie est en découvert permanent. On peut considérer que c'est là un capital qui ne circule pas et ne quitte pas la caisse de l'usine. Il doit donc forcément être emprunté au *capital libre*, car c'est par essence du *capital fixe*; il doit figurer dans les dépenses de première installation d'une usine, et s'ajouter à la valeur des immeubles industriels : bâtiments et matériel d'exploitation qui, les uns et les autres, sont du *capital fixe*.

On peut ainsi conclure que le crédit industriel proprement dit n'a d'application que pour le matériel industriel, et par extension les immeubles d'une usine, et enfin pour un fonds de roulement spécial. Il est clair que le fonds de roulement tout entier pourrait être formé sous forme de *capital fixe*, de façon à n'avoir en aucun cas recours à la Banque, mais il est douteux qu'il y ait là un avantage certain.

En limitant le champ d'action du crédit industriel au matériel d'exploitation, aux frais d'appropriation, entretien compris, en se bornant à y ajouter le fonds de roulement spécial, le tout représentant du *capital fixe,* on se trouve encore en face de besoins qui se chiffrent par un bon nombre de milliards, aussi bien comme dépenses déjà faites que comme dépenses à faire pour donner à notre industrie tous les développements qu'elle comporte, pour arriver au plein de sa production.

Nous l'avons dit plus haut, l'industrie se trouve, en matière de prêts industriels, dans des conditions réellement inférieures, malgré l'importance des capitaux antérieurement employés, et qui offrent, relativement au moins, une certaine garantie à l'emploi de capitaux nouveaux. Si elle n'a trouvé jusqu'ici de concours que dans les commandites, s'ensuit-il qu'il y ait impossibilité de procéder autrement, ou bien la question a-t-elle été mal étudiée ou mal posée.

Les deux conditions d'abord nécessaires pour rendre aisé un emprunt quelconque, c'est la garantie matérielle offerte au capital prêté : cette garantie se trouve seulement dans un gage existant et de valeur fixe. C'est ensuite la rémunération certaine du service rendu, sa rémunération équitable : elle se trouve dans l'existence positive d'un produit net suffisant et permanent.

La question du crédit industriel sera dès lors résolue, si l'on trouve une combinaison qui assure aux prêteurs ces diverses sécurités.

L'industrie peut-elle les donner ? A quel degré et dans quelle limite ? Les offre-t-elle directement, ou a-t-elle besoin d'un intermédiaire ? Enfin le capital prêté peut-il acquérir une certaine mobilité qui permette aux intéressés de se dégager sans perte s'ils jugent opportun de le faire ?

Telles sont les questions à examiner.

*
* *

On peut classer en trois grandes catégories les garanties que peut offrir une industrie quelconque :

1° La garantie de sa richesse foncière, immeubles et matériel, les premiers rentrant plus ou moins dans l'hypothèque (crédit foncier) ;

2° L'importance du fonds de roulement, liquide et réalisable ;

3° L'excédent des recettes sur les dépenses, en un mot, la valeur compte de profits et pertes.

Les deux premiers éléments, quels qu'ils soient dans la pratique, sont d'une valeur appréciable, indépendamment du propriétaire, individu ou Société ; le troisième est nul ou à peu près, s'il ne s'agit pas d'une Société, mais d'un individu qui peut ne justifier que de chiffres fantaisistes.

Peut-on, avec ces éléments, arriver à établir la sécurité du capital prêté ? En est-il de même pour la sécurité des arrérages et leur paiement régulier ?

On peut répondre aisément par l'affirmative, si l'industrie a été l'objet d'un examen approfondi de la part de personnes compétentes, si elle est prospère et bien vivante, c'est-à-dire dotée en elle-même et indépendamment d'une gérance personnelle plus ou moins habile, de conditions propres à lui assurer une longue période d'activité ; le passé répond ici de l'avenir, alors que le prêt n'a lieu que pour augmenter les moyens d'action et accroître ainsi la proportion de bénéfices jugés d'abord suffisants pour couvrir les charges de l'emprunt à effectuer.

Cette garantie du capital — intérêts et remboursement — est-elle absolue, en la limitant aux ressources bien constatées et réalisables ? Il semble difficile de ne pas l'affirmer.

Cependant comme la marche d'une industrie quelconque est toujours soumise à un certain aléa, il est indispensable de rechercher de nouvelles garanties. Autrement, et bien que les bénéfices de l'industrie soient plus élevés que les revenus fonciers, que l'industrie soit ainsi à même, sans trop de gêne ni de dommage, de payer un plus haut intérêt, le prêteur serait tenté de coter ce risque aléatoire à trop haut prix.

Ce prêteur, d'ailleurs, est rarement compétent, et, en tous cas, ne saurait l'être pour toutes les industries : son concours n'est donc possible que s'il peut se ranger derrière une autorité compétente et, généralement, sa confiance ne sera même entière qu'autant qu'il verra cette compétence alliée à un certain degré de responsabilité qui le couvre.

Si c'est une banque qui consent à jouer ce rôle, les choses seront au mieux. Il est clair en effet, qu'un établissement de crédit bien placé, bien organisé et bien classé, ne s'en ira pas à la légère garantir de son propre capital des prêts qu'il jugerait aléatoires. On peut être certain que, directement en cause, il agira avec une extrême prudence et n'engagera pas à la légère sa responsabilité.

*
* *

Ajoutons même qu'il est indispensable que ce soit une banque qui remplisse ce rôle : seul un grand établissement de crédit sera à même d'effectuer des prêts à l'industrie dans une grande proportion, pourra, comme le Foncier et la Banque Hypothécaire créer un type unique, bientôt vulgarisé dans le public et doté d'un marché régulier qui en facilite le changement de mains sans frais et sans perte, car depuis longtemps on a reconnu que la mobilité du titre était la condition première de son acceptation courante.

Ce titre unique, multiplié dans de larges proportions, au fur et à mesure que des prêts seront faits à des industries diverses de plus en plus nombreuses, va nous offrir de suite une bien autre importance : il va créer la « division des risques. » Prenons 100 millions prêtés à 100, à 200 industries les plus diverses :

il en résulte une assurance mutuelle et gratuite des capitaux ; l'aléa redouté est annulé. Un accident partiel viendra se perdre dans la masse, l'extrême division de la perte éventuelle la rendant nulle ou à peu près.

Il y a mieux à faire encore.

Nous avons dit que l'Industrie pouvait sans gêne aucune payer un intérêt plus élevé que la propriété foncière.

Or, une banque industrielle, à même d'offrir des garanties aussi effectives, pour les prêts industriels, que les établissements de crédit foncier, pour les prêts fonciers, doit évidemment trouver des prêteurs dans des conditions aussi favorables que ces établissements. Comme elle percevra, d'autre part, un intérêt plus élevé de sa clientèle, qui l'empêchera de prélever sur ses bénéfices une prime calculée de façon à couvrir l'ensemble des risques éventuels de sa participation? Cette prime pourra s'accroître de ses intérêts successifs qui s'ajouteront au capital, de manière à reproduire avec le temps, sinon le capital entier, au moins une bonne part.

Nous aurons à revenir sur ces diverses faces de la question en abordant l'étude de la Banque de Prêts à l'Industrie et de la Rente Industrielle. Mais n'est-il pas acquis dès maintenant que le *crédit industriel* est chose praticable et qu'il ne présente pas plus de difficultés que le *crédit foncier*, dès l'instant où il est soumis à des procédés rationnels, et protégé par la division des risques et la garantie supplémentaire d'un fonds de réserve de proportion suffisante.

CHAPITRE IV

Crédit agricole.

Il n'est pas aussi aisé de définir nettement le crédit agricole que le crédit foncier ou le crédit industriel. La raison en est qu'il participe de l'un et de l'autre sans être cependant ni l'un ni l'autre.

L'idée la plus nette qu'on puisse s'en faire est de le considérer comme une sorte de crédit industriel appliqué à l'exploitation du sol, à l'agriculture.

Comme pour l'industrie, il importe d'établir une distinction suivant l'emploi auquel l'emprunt est destiné. Celui-ci est-il appelé à l'immobilisation? on doit recourir à la part disponible du *capital fixe*. S'agit-il au contraire d'un emprunt temporaire, le *capital matières* peut fournir les éléments du prêt, et l'escompte y suffire, réserve faite des conditions propres de l'agriculture, qui exigent un plus long délai que le terme ordinaire de 90 jours.

Il est clair que le problème peut être résolu, par un emprunt direct au Crédit Foncier, pour le grand propriétaire qui est en mesure de se procurer ainsi un fonds de roulement, à bon compte en somme, et de l'affecter à son gré et suivant ses besoins, soit à l'amélioration des conditions productives du sol, drainages ou irrigations, engrais ou amendements, comme aussi au fonds de roulement nécessaire à l'exploitation. Ici, l'importance du fonds de garantie emporte la forme, e tce n'est pas pour ce cas particulier et exceptionnel qu'il y a lieu de s'occuper de créer le crédit agricole.

La question intéresse plus spécialement le petit propriétaire et le fermier auxquels le Crédit Foncier ne peut venir en aide : c'est pour cette catégorie que le problème du Crédit agricole est à résoudre, et la difficulté est d'autant plus grande pour le fermier, que le propriétaire a privilège sur tout ce qu'il possède sur la ferme, et qu'un article spécial du Code lui défend d'engager ses biens mobiliers : ustensiles aratoires, bétail, récoltes, etc. Il n'a donc de garantie à offrir au prêteur que son honorabilité et sa bonne foi.

Le petit propriétaire, s'il lui est difficile de recourir à l'hypothèque à bon marché, c'est-à-dire dans des conditions compatibles avec les bénéfices relatifs de l'agriculture, se trouve, en regard du prêt agricole, dans des conditions à peu près analogues à celles qui commandent à l'industriel. Il a son matériel agricole, ses récoltes sur pied ou en granges, il a son compte de profits et pertes : c'est quelque chose que cela. Il est vrai que nous venons de conclure contre le prêt industriel personnel en dehors de l'hypothèque. Cependant cette conclusion, logique pour l'industrie qui, si elle a quelque importance, nécessite, en raison du chiffre des capitaux utilisés, le concours d'une Société ou au moins de la commandite, est-elle justifiée au même degré quand il s'agit d'intérêt agricole ?

Tel est le problème à résoudre, et, certes, la solution n'en est pas facile. Le capital n'est pas habitué encore à s'intéresser aux besoins agricoles, et nous manquons complètement des intermédiaires propres à ménager le rapprochement. Ce n'est pas que quelques tentatives n'aient été déjà faites dans cette voie, mais ou elles ont été détournées du but ou elles ont échoué misérablement.

*
* *

Une Commission officielle a été nommée, il y a bientôt deux ans, pour rechercher les bases normales d'un crédit agricole : elle n'est arrivée jusqu'ici qu'à publier les éléments d'appréciation recueillis près des Conseils généraux et de nos Consuls à l'étranger.

Les Conseils généraux se bornent en général à demander la suppression des articles du Code dont nous avons mentionné la teneur plus haut; ils proposent de limiter à deux ans de fermage, plus l'année courante, le privilège du propriétaire : au total ils n'ont vu que le fermier et ne se sont préoccupés que de le faire rentrer dans la catégorie du petit propriétaire.

Les renseignements, puisés à l'étranger ne donnent pas la solution du problème, mais ils en fournissent néanmoins une partie des éléments.

Tout d'abord les résultats sont négatifs pour l'Autriche, la Hongrie, l'Espagne, l'Italie, la Suède, la Norvège, le Danemarck ; la Belgique et la Hollande, où ces questions s'agitent, en sont aux conclusions de nos Conseils généraux. Il ne saurait être question de l'Irlande, où le fermage est exclusif de tout autre mode de culture, où le fermier succombe sous le faix et n'a conséquemment aucun crédit.

Mais il n'en est pas de même de l'Allemagne, de l'Angleterre, de l'Écosse et surtout de l'Amérique.

*
* *

L'Allemagne possède de nombreuses banques agricoles : d'abord coopératives, c'est-à-dire prêtant à leurs membres l'argent fourni par les adhérents, elles en sont arrivées à faire des prêts à tout le monde et servent d'intermédiaires aux agriculteurs, pour l'escompte de leurs traites par les Sociétés ordinaires.

Ces banques ne font pas de brillantes affaires, mais enfin elles vivent et se développent, et l'expérience a démontré qu'elles ne courent pas de grands risques ; elles agissent, en général, dans un rayon restreint et ne traitent qu'avec des prêteurs dont elles connaissent les garanties et dont elles sont à même de surveiller la gestion. En somme, la situation, telle quelle, est satisfaisante, puisque, d'après les enquêtes consulaires, les agriculteurs allemands ne manquent pas de capitaux.

* *
*

En Angleterre et en Écosse, le cultivateur est assimilé au commerçant ; il y trouve le même crédit, et son papier est admis dans les banques au même titre que le papier commercial, et souvent même s'escompte à plus long terme, sans grande difficulté.

En ce qui concerne le fermier, il est à noter que, d'après la législation anglaise, le privilège du propriétaire est limité à la valeur d'une année de fermage ; tout ce qui dépasse cette valeur sert de garantie aux avances.

Il en est de même aux États-Unis. Le système des banques locales y est d'ailleurs si développé qu'elles suffisent à tous les besoins et qu'on n'a pas eu à songer à l'établissement d'un crédit agricole spécial.

* *
*

Les conséquences qui se dégagent de ces renseignements, c'est que le crédit agricole est praticable en dehors de l'hypothèque, sous la seule réserve d'opérer de près, d'agir par des intermédiaires sur place, en un mot de faire du crédit personnel un élément de crédit agricole.

Une autre remarque importante, c'est que dans ces divers pays, à l'exception peut-être de l'Allemagne dans une certaine limite, les agriculteurs supportent sans grand dommage le taux ordinaire de l'escompte du commerce. La réduction du taux de l'intérêt agricole, qui paraît nécessaire et qui est jugée indispensable en France, n'aurait donc pas le caractère absolu

qu'on lui prête : l'agriculture est une bonne mère et non la
marâtre que l'on suppose.

Enfin, d'après les données précédentes, le crédit agricole
n'est considéré, dans ces divers pays, qu'à titre commercial en
quelque sorte. Il ne s'agit que de prêts à très courts termes,
qui sont du domaine du *capital-matières*. On ne peut ainsi tirer
de l'enquête aucune donnée pour le capital à immobiliser ; il
est sans doute emprunté à des crédits fonciers que nos Consuls
ont oublié de mentionner.

Il y a là, en tous cas, une lacune à combler.

Le Gouvernement français s'en est préoccupé. Dès 1868 un
crédit était ouvert par les Chambres pour faciliter aux particuliers l'exécution des travaux de drainage. L'opération n'a
guère réussi, car ce crédit qui était de 150 millions n'a pas été
épuisé et les intéressés n'ont pas jugé opportun d'user des
facilités qui leur étaient ainsi offertes. Le Conseil d'État vient
de délibérer sur un projet analogue pour l'exécution de travaux
d'irrigation et d'assainissement des terres ; il faut espérer que
ce projet se réalisera et donnera de meilleures conséquences
que les sacrifices consentis autrefois pour le drainage.

De ces diverses considérations, nous ne tirerons, pour le
moment, que cette conclusion : c'est que le Crédit Foncier et la
Banque Hypothécaire pourraient, le Gouvernement aidant, pourvoir aux nécessités agricoles d'immobilisation de capitaux, et
qu'ainsi le crédit agricole se réduirait aux prêts de capitaux
d'un emploi temporaire. L'Allemagne, l'Angleterre, l'Écosse et
surtout l'Amérique, paraissent approcher de la solution de ce
dernier problème ; il serait singulier que la France seule
demeurât impuissante à obtenir au moins les mêmes résultats.
Ne peut-elle même arriver à faire mieux, en profitant des
exemples qu'elle a sous les yeux ?

CHAPITRE V

Crédit Commercial.

Le commerce est l'échange des produits. Comme cet échange est rarement direct, il exige un terme intermédiaire qui est le numéraire. Enfin, comme il se fait généralement sur une grande échelle, dans des proportions qui dépassent les disponibilités de ceux qui l'exercent, il leur faut recourir au CRÉDIT. Le Crédit peut être fait par celui qui vend, l'intérêt du crédit faisant alors partie du prix de vente ; mais il est plus généralement fourni par les BANQUES qui soldent la valeur des objets vendus, par l'escompte d'une promesse de l'acheteur de payer à une date ultérieure : d'après la coutume, le délai est de 90 jours.

Le commerce s'exerce plus particulièrement sur les matières premières et les produits fabriqués destinés en dernière analyse à la consommation. En un mot le capital dont il exige la mise en œuvre est exclusivement du *capital matières* qui entre dans la circulation par l'intermédiaire des Banques : le *capital fixe*, le *capital libre* n'ont rien à voir ici, exception faite du loyer des locaux où le commerce s'exerce.

Le crédit commercial constitue bien ainsi une branche spéciale du crédit général et emprunte ses ressources à une part du capital, à peine mise à contribution par les catégories de crédit que nous venons d'étudier.

Nous avons dit qu'il importe à la prospérité générale que le *capital matières*, à la fois objet, instrument et but de l'activité humaine, soit, dans ses proportions disponibles, introduit dans la circulation.

Les banques ont toutes cette destination — nous prenons le mot « banque » dans sa signification ordinaire et sans l'étendre aux établissements de crédit dont les opérations de banque, proprement dite, peuvent ne constituer qu'un accessoire. — Les banques — individus ou sociétés — ont pour rôle spécial l'escompte du papier de commerce, ou plus généralement du papier à court terme.

⁎

L'établissement type est la Banque de France qui joue le rôle de réservoir général des disponibilités de l'épargne courante qu'elle accumule dans ses caisses, soit au lieu et place de billets de banque de la valeur desquels les porteurs lui font gratuitement crédit, soit sous forme de dépôts volontaires dont la gratuité est également absolue pour elle. Ces disponibilités, elles les met au service du public, moyennant un intérêt variable suivant leur importance du moment. Elle ne prête jamais son propre capital.

Les autres établissements de crédit qui font directement l'escompte doivent se procurer ces disponibilités à l'aide de dépôts rétribués : on saisit, sans autres explications, les avantages dont jouit la Banque de France.

Cet établissement privilégié, qui tient une aussi large place dans le crédit général et dont tous les établissements similaires sont plus ou moins les tributaires, rend-il les services qui ont motivé sa création et qui lui ont fait conférer le monopole exclusif de l'émission de billets de banque ? Mérite-t-il la haute estime dans laquelle il est tenu depuis plusieurs générations ? Nous n'hésitons pas à répondre par la négative, et, si l'intérêt de l'argent emprunté au *capital matières* est aussi élevé, c'est uniquement à l'organisation incomplète de la Banque de France qu'il faut s'en prendre.

L'argent que prête la Banque de France, ne lui coûte que l'intérêt représenté par ses frais généraux : c'est-à-dire 1/2 0/0, tout au plus. Comment donc lui est-il loisible de prêter cet argent à des taux qui se sont élevés jusqu'à 10 0/0 (1865), alors que son capital, et même plus que son capital, est placé en rentes sur l'État?

Nous venons de le dire: la Banque de France joue le rôle de réservoir général de l'épargne, seulement elle le joue mal. Les disponibilités de l'épargne peuvent être très abondantes, être toutes prêtes à entrer dans la circulation, et cependant se refuser au crédit gratuit que leur impose la Banque de France. La preuve en est qu'il a suffi de vulgariser cette observation, lors de la grande enquête sur la Banque de France en 1866, pour amener la création ou les développements d'institutions de crédit, sans autre rôle que celui d'accumuler, dans leurs caisses, l'épargne disponible, sous forme de dépôts rétribués. Entre l'intérêt affecté à ses dépôts et le taux d'escompte réglé par la Banque de France, l'écart est encore bien suffisant pour constituer un large bénéfice. N'est-ce pas une anomalie choquante?

* \
* *

La Banque de France, en se résolvant à attribuer un modique intérêt à ses dépôts, serait vraiment de venue le grand détenteur de l'épargne générale ; elle doublait, triplait le chiffre de ses affaires, et certainement serait arrivée, tout en se ménageant un large bénéfice, à réduire à 2 0/0 au plus l'intérêt des prêts commerciaux.

Des établissements secondaires ont fait ce qu'elle devait faire elle-même, et finalement c'est le public qui en pâtit. Non seulement l'intérêt commercial est resté à un taux notoirement exagéré, mais il est résulté plus d'un inconvénient de l'accumulation de dépôts, sans spécialité déterminée, dans des établissements de crédit, qui les emploient indistinctement suivant leurs besoins et sans faire le départ des disponibilités qui sont du *capital libre*, de celles qui ne sont que du *capital matières* et dont l'immobilisation même momentanée n'est pas toujours possible. Il en est résulté plus d'une crise monétaire ou autre, dont on a vainement cherché la cause tout en en constatant les effets.

Récemment, par exemple, on craignait, si même on ne craint encore, une crise monétaire. Or, ne suffit-il pas que le *capital matières* ait été immobilisé en trop grande proportion pour qu'on soit amené à la nécessité de mobiliser une proportion correspondante du *capital fixe?* Le seul moyen à cet effet est de faire l'échange d'une part de ce capital contre des matières d'approvisionnement étrangères, et cette part, il faut bien l'emprunter au *capital numéraire.* C'est ainsi que l'encaisse de la Banque de France peut être mis à contribution et son or exporté au dehors : la faute en est aux placements, imprudemment provoqués, par les établissements financiers, à une immobilisation hâtive ou inopportune du capital flottant.

⁂
⁂

Les conclusions que nous entendons tirer de ces considérations, c'est que si le *crédit commercial* est le mieux constitué et jouit d'une organisation normale, il n'en reste pas moins d'importantes améliorations à y apporter. Il semble que cette organisation sera complète le jour où la Banque de France sera dans l'obligation de ne faire de prêts qu'à un taux différentiel : il n'est pas douteux que le taux de l'escompte commercial n'en sorte, avec une notable réduction sur le taux actuel.

L'escompte à bas prix, tel que nous rêvons de le voir pratiqué par la Banque de France, suppose évidemment la sécurité du remboursement à l'échéance.

Cette sécurité, la Banque de France la trouve dans la multiplicité des signatures qu'elle exige pour chaque titre présenté à l'escompte. Ces signatures ne sont pas toutes désintéressées, et l'une au moins représente un service rendu qu'il est juste de rétribuer : c'est la « commission de banque » qui est réglée en dehors de l'intérêt. Cette commission n'existe pas pour les clients directs de la Banque de France : leur compte courant supplée à la signature d'un banquier.

Dans ces conditions, la Banque de France ne court aucun risque et a toute latitude de régler le taux de l'escompte d'après le taux de l'argent sur le marché, mais d'après le taux réel et sans y introduire aucun élément factice ; elle ne saurait prétendre, par exemple, que les disponibilités sont rares parce qu'elles n'affluent pas dans ses caisses à titre gratuit.

*
* *

Enfin, est-il nécessaire d'ajouter que les capitaux flottants — le *capital matières* — momentanément disponibles, sont en abondance constante sur le marché ; qu'ils se prêtent par conséquent à bien meilleur compte que le *capital libre* dont la proportion est limitée : que le crédit commercial s'exerce ainsi sur une plus grande surface que les diverses catégories de crédit énumérées jusqu'ici ? Il est donc très logique, très naturel que les conditions de sa pratique soient plus faciles et à meilleur compte.

La matière est trop connue, pour qu'il nous paraisse utile de nous étendre davantage sur le *crédit commercial* : nous bornerons donc nos observations à ce rapide aperçu.

CHAPITRE VI

L'exercice du crédit. — Ses organes.

De l'ensemble des considérations précédentes, on peut conclure que le CRÉDIT en général ne trouve à s'exercer avec tous ses développements, qu'autant :

1° Qu'il existe entre le prêteur et l'emprunteur un intermédiaire spécial, à la portée de l'un et de l'autre; il faut que cet intermédiaire soit en mesure de contrôler la valeur du premier et s'en porte garant vis-à-vis du second;

2° Qu'on a eu soin de créer un titre spécial, de circulation facile et très étendue qui en facilite la réalisation à volonté : c'est le moyen d'obtenir le crédit à bon marché, condition indispensable, dans nombre de cas, pour l'emprunteur.

Nous avons vu que pour le *crédit commercial*, dont le fonds est emprunté au *capital matières*, crédit qui s'exerce généralement par l'escompte d'engagements à terme, ce sont des banquiers, des banques d'escompte et finalement la Banque de France qui servent d'organes à l'intervention du capital nécessaire aux besoins de l'échange : le nombre des intermédiaires en est suffisant pour satisfaire à tous les besoins. En second lieu, les engagements sont centralisés dans les caisses de la Banque de France, qui met en circulation, en leur lieu et place, le billet de banque dont elle est garante d'une manière absolue et qui est accepté par tout le monde sans discussion aucune, et cependant sans intérêts.

Il en est de même pour le *crédit industriel* limité aux approvisionnements de matières premières et de vente de produits fabriqués. Il s'agit là également de prêts empruntés au *capital matières*, qui est, comme nous venons de le dire, du domaine exclusif des banques proprement dites.

Enfin nous avons vu, à propos du *crédit agricole*, qu'à l'étranger, en Angleterre et en Amérique au moins, ce même *capital matières* et ces mêmes organes de sa répartition arrivaient à subvenir à une partie des besoins agricoles.

Mais évidemment ils ne sauraient y satisfaire dès qu'il s'agit d'immobiliser un capital d'une certaine importance. Il faut que le *capital libre* vienne à la rescousse pour les travaux de drainage, d'irrigations, d'aménagements divers, voire même pour les achats de matériel agricole. L'agriculteur n'étant pas à même de solder de telles dépenses sur les bénéfices d'une année, il faut bien qu'un crédit plus étendu lui vienne en aide : c'est le *crédit agricole*, doté à cet effet d'une organisation spéciale.

✳
✳ ✳

Ainsi les banques d'escompte deviennent insuffisantes, dès qu'il faut amener dans la circulation la part du capital que nous avons définie *capital libre*, seul utilisable pour la formation du *capital fixe* qui alimente : le *prêt foncier* sans aucune réserve; le *prêt industriel* en tant qu'il s'agit d'installations premières, de matériel industriel et même de fonds de roulement; et enfin le *prêt agricole*, s'il y a lieu de pourvoir à une immobilisation de capital et même de solder des acquisitions à long terme.

Les banques proprement dites, organes de la circulation du *capital matières*, sont remplacées par les établissements financiers, pour la circulation du *capital libre*. Mais, de même que le *capital matières*, le *capital fixe* n'intervient, dans des conditions normales, qu'autant qu'il rencontre les garanties exigées par le premier et qu'il se trouve représenté, comme lui, par un titre spécial de circulation assurée. En outre, nous avons

constaté l'existence d'un nombre d'intermédiaires suffisan
pour réunir en grande quantité le *capital matières* disponible.
Or, à notre époque, un établissement quelque haut placé qu'il
soit, ne peut plus attirer directement l'épargne publique dans ses
caisses : il lui faut ou subdiviser ses efforts à l'infini, en instal-
lant, sur tous les points du territoire, des agences qui colligent
à son profit l'épargne disponible, ou recourir à des intermédiaires indépendants qui opèrent moyennant rétribution, mais
ne sont pas tenus de vulgariser l'esprit général qui préside à
l'organisation de l'établissement et à son œuvre.

Voyons, sous ces divers rapports, comment fonctionnent les
établissements financiers les plus connus : nous aurons un
point de comparaison bien déterminé pour apprécier à sa
valeur l'organisation de la Banque de Prêts à l'Industrie. Nous
prions le lecteur de vouloir bien remarquer que, dans cette
rapide analyse, nous n'entendons pas faire de critique; nous
entendons simplement établir le point de fait.

*
* *

Nous avons vu comment le crédit foncier était organisé en
France par deux grands établissements financiers: le *Crédit foncier de France* et la *Banque Hypothécaire*. Nous avons reconnu que
l'un et l'autre possèdent bien les deux conditions reconnues
indispensables pour l'appel fructueux aux capitaux: la garantie
de ces capitaux par le fonds social, et un titre représentatif de
circulation facile, de mobilité suffisante. Ils disposent même de
moyens spéciaux pour amener dans leurs caisses les ressources
nécessaires aux prêts : ainsi que nous l'avons dit, les disponibilités ne se présentent pas d'elles-mêmes, il faut les solli-
citer sur place et voici les moyens employés à cet effet.

Réduits à leur seule action, ni le *Foncier*, ni la *Banque
Hypothécaire*, n'arriveraient à la réalisation complète de leurs
emprunts. N'ayant à leur disposition ni les agences, ni la publi-

cité nécessaires, force leur est de faire un appel direct, soit à certains établissements qui leur donnent un concours plus ou moins désintéressé, soit aux notaires, soit enfin, mais pour le *Crédit Foncier* seulement, à tous les agents du Trésor.

En somme, malgré l'imperfection de ces procédés, malgré l'absence d'une publicité directe, il n'y a pas trop à dire sur l'efficacité des moyens, et pour le *Crédit Foncier* au moins, ils paraissent suffisants jusqu'ici.

* *

La Société Générale a été fondée pour *favoriser le développement du commerce et de l'industrie en France* : ses fondateurs se proposaient ainsi d'exploiter le *crédit commercial* et le *crédit industriel;* la Société devait être à la fois banque d'escompte et ce qu'on peut dénommer un « établissement financier », en désignant sous ce titre un intermédiaire pour le placement du *capital fixe.*

Pour amener les disponibilités de l'épargne dans ses caisses, elle a créé, sur tous les points du territoire, de nombreuses agences qui colligent à son profit une bonne partie du capital disponible — capital d'escompte ou capital de placements fixes. — Le succès a couronné ses efforts puisqu'elle est arrivée à réaliser des dépôts pour une somme presque constante de 250 à 300 millions. Il ne paraît pas qu'elle se soit grandement occupée de faire le départ de cet énorme capital en *capital matières* et en *capital fixe;* il semble bien, d'ailleurs, en raison du temps très limité pendant lequel ces capitaux lui sont confiés, qu'ils ne représentent que du *capital matières.*

Son rôle serait donc limité au rôle d'une simple Banque d'escompte, si ces mêmes agences ne lui servaient en même temps d'intermédiaires pour les appels directs aux souscriptions commanditaires et obligataires qu'elle se charge de réaliser pour compte de tiers.

Notons qu'à titre de banque de dépôts et d'escompte son capital propre est la garantie nécessaire de ses opérations. On peut ainsi s'étonner à bon droit qu'il soit plus ou moins engagé dans des participations industrielles ou autres, d'où, à un moment donné, il peut sortir compromis. Il est vrai que n'étant réalisé que pour une moitié, l'autre moitié reste disponible.

Comme banque de dépôts, il n'y a donc pas grande critique à lui adresser. Mais, quand elle fait appel au *capital fixe* ou au *capital libre*, est-elle en mesure de remplir les deux conditions que nous avons reconnues indispensables : la garantie du placement et le titre spécial nécessaire à sa mobilité et à sa circulation ? Nullement. Elle n'endosse, de ce chef, aucune responsabilité matérielle, et qui plus est, n'ayant pas d'organe de publicité qui mette ses clients en rapport constant d'idées avec elle, qui parle en son nom, qui l'engage, elle n'endosse même pas une responsabilité morale !

Et cependant les émissions de titres sont sa principale affaire !

L'exercice du crédit commercial n'entre, que pour peu de choses dans ses opérations : elle se borne, sous ce rapport, à l'exploitation des comptes de chèques, à l'ouverture de crédits spéciaux qu'il lui est commode de réaliser par l'escompte, et à des avances sur titres, opérations qui rentrent absolument dans le domaine des banques d'escompte proprement dites et pour lesquelles elle a, comme la banque la plus modeste, la Banque de France pour appui.

*
* *

La Société de Dépôts et Comptes courants est une de nos plus anciennes sociétés financières; elle a été à son origine une simple banque de chèques, c'est-à-dire qu'elle avait pour objet l'ouverture de comptes courants se liquidant par des chèques. Il devait se produire ainsi une grande économie dans l'emploi du numéraire, économie qui justifiait l'utilité de l'établissement.

Mais qui dit comptes courants dit *capital matières*.

Et cependant, malgré le manque évident, dans les caisses de la Société de Dépots et Comptes courants, de *capital fixe* propre à des placements à longs termes, nous l'avons vue se faire l'intermédiaire des émissions les plus diverses et sortir ainsi du rôle que lui traçaient ses statuts, sans se préoccuper d'aucune des deux conditions que nous avons reconnues indispensables, à savoir : garantie du placement et titre spécial.

Elle a, d'ailleurs, abordé cette voie sans l'outillage nécessaire de nos jours, et la Société Générale, par exemple, possède des moyens plus étendus : ses agences. D'autre part, pas plus que la Société Générale, elle ne dispose de publicité qui lui soit propre; pas plus qu'elle, elle n'a de but bien déterminé et n'offre de garantie véritable aux souscripteurs des titres qu'elle met en circulation : son patronnage en un mot est également du pur platonisme.

*
* *

Le Crédit Lyonnais lui aussi a été, à ses débuts, une simple banque d'escompte. Depuis, son rôle s'est agrandi, il a constitué des comptes de chèques, a organisé des agences calquées sur celles de la Société Générale, enfin a créé des Sociétés, fait des émissions, toujours comme la Société Générale.

De l'escompte, de ses comptes de chèques et comptes d'avances sur titres, nous n'avons rien à dire : ce sont là autant d'opérations des banques proprement dites. Mais pour son intervention dans les placements de capitaux fixes, nous avons à faire les mêmes réserves que pour les Sociétés, ses congénères : défaut d'un titre spécial, manque de responsabilité aussi bien matérielle que morale, et enfin absence d'un but déterminé, qui lui permette d'opérer sûrement.

Nous avons à signaler également l'absence d'un organe de publicité propre à établir une communion d'idées avec sa clientèle et à l'initier aux opérations en cours, qui deviennent ainsi siennes, qui sont tout au moins acceptées en toute connaissance de cause.

*
* *

Le CRÉDIT COMMERCIAL ET INDUSTRIEL, c'est l'établissement similaire du CRÉDIT LYONNAIS et de la SOCIÉTÉ GÉNÉRALE, sans les agences; la SOCIÉTÉ FINANCIÈRE, c'est l'analogue de la SOCIÉTÉ DE DÉPOTS ET COMPTES COURANTS, sans comptes courants... etc.

En somme, ces divers établissements fonctionnent sans programme établi, sans but déterminé. Ils ont en pratique, sinon en fait, des statuts assez élastiques qui leur permettent de tourner leur activité, d'user de leurs moyens d'action, du côté où ils entrevoient la plus grande somme de bénéfices; ils opèrent simultanément sur le *capital matières* et sur le *capital fixe* ou le *capital numéraire* sans trop se préoccuper de la destination propre de chaque catégorie. Que l'un de ces établissements disparaisse, le crédit général n'en sera troublé dans aucune de ses manifestations; il n'y aura qu'à s'adresser à une autre maison, *celle qui n'est pas au coin du quai*, pour trouver le même concours et les mêmes services.

Ils ont pourtant des organisations quelque peu différentes, mais aucun ne possède un ensemble complet de ressources en vue d'un but déterminé; ils n'ont même pas de publicité qui leur soit personnelle, et s'en vont quêtant des articles à leur louange ou une participation dans la clientèle d'autrui.

Il nous reste à montrer qu'il n'en est pas de même de la Banque de Prêts à l'Industrie et que cet établissement a été établi avec tous les rouages qui constituent une organisation complète en vue d'atteindre le but même qui a été visé par ses statuts.

BANQUE DE PRÊTS A L'INDUSTRIE

SOCIÉTÉ ANONYME

AU CAPITAL DE VINGT MILLIONS DE FRANCS

Divisé en 40,000 actions de 500 francs

~~~~~~

SIÈGE SOCIAL : 7 ET 9, RUE TAITBOUT, PARIS

~~~~~~

CONSEIL D'ADMINISTRATION

MM. **E. Jacques PALOTTE**, Ingénieur, Sénateur, Administrateur de la Société Financière de Paris, *Président*.

Ch. LALOU, ✛, Banquier, Président de la Société Industrielle et Financière, *Administrateur-délégué*.

A. CRÉTEY, ancien notaire.

Frédéric LÉVY, C ✳, ancien Maire du XIᵉ arrondissement de Paris, ancien Juge au Tribunal de Commerce, Président honoraire du Comité central des Chambres syndicales de la Seine.

L. de LASSUS, propriétaire, ancien Conseiller général.

A. PERRENET, Manufacturier, à Lenclos, ancien Maire, ancien Conseiller d'arrondissement.

A. STAUB, ✳, Administrateur des Tramways-Nord.

E. TAILLARD, O ✳, Ingénieur des Mines.

E. VATEL, Administrateur de l'Union Mobilière, Administrateur-délégué des Verreries de Vierzon.

Secrétaire du Conseil : **M. Jacques MEYER.**

DIRECTEUR

M. de BULLEMONT, O ✳, Docteur en droit, ancien Secrétaire général de la Préfecture de police.

COMMISSAIRE DE SURVEILLANCE

M. F. RIGAL, Docteur en droit.

BANQUE DE PRÊTS.

A L'INDUSTRIE

~~~~~~~~~~~~~~~~~~~

CHAPITRE PREMIER

Objet de la Banque de Prêts à l'Industrie.
Ses opérations.

La Banque de Prêts à l'Industrie a été créée, en 1878, pour venir en aide, comme son titre l'indique, à l'industrie française et réaliser, au profit de celle-ci, le capital dont elle a besoin pour assurer son entier développement.

Ce but·a été nettement défini dans ses effets et ses limites, par les articles 4 et 7 de ses statuts, dont voici le texte :

« Art. 4. — La Banque de Prêts à l'Industrie prête sur des garanties réelles ou personnelles déterminées par le Conseil d'administration, aux industries en fonctionnement normal et assurant déjà, par les résultats acquis ou les richesses reconnues, l'intérêt et l'amortissement du prêt consenti ;

» 2° Elle crée et négocie des obligations pour une valeur qui ne peut pas dépasser le montant des sommes dues par ses emprunteurs. La somme totale des obligations ainsi émises ne pourra dépasser un chiffre égal à dix fois le capital social de la Banque et les réserves affectées spécialement à la garantie des obligations ;

» 3º La Société pourra recevoir en compte courant ou en dépôt les fonds qui lui seront versés, à un taux déterminé par le Conseil, et cela jusqu'à concurrence du double de son capital social et de celui de ses réserves ;

» 4º Elle établit des succursales et des agences partout où ses intérêts l'exigent ;

» 5º Elle exécute pour compte de tiers tous achats et ventes de fonds publics et de valeurs industrielles cotés ou non cotés ; effectue les paiements des Sociétés industrielles ; fait des avances sur nantissement de titres et de marchandises, ainsi que toutes opérations ayant pour objet l'escompte du papier de commerce.

» En fait d'émission en dehors de ses obligations, la Société pourra s'occuper de fonds d'États, emprunts de villes et de départements, et d'actions ou d'obligations, *mais seulement comme intermédiaire, toute participation lui étant interdite par l'article 7 ciaprès.* »

« ART. 7. — La Société s'interdit rigoureusement de prendre un intérêt dans la création d'aucune entreprise nouvelle et de souscrire ferme aucune action industrielle ou autre (1).

» Elle ne peut prendre aucun intérêt dans aucune opération de jeu. »

_____

(1) Les circonstances ont amené la Banque de Prêts à l'Industrie à se préoccuper de la nécessité de ne pas rester absolument étrangère à la formation du capital de commandite dont l'Industrie française a besoin, ni aussi désintéressée dans les bénéfices des syndicats dont cette intervention est l'occasion. C'est cette nécessité et ces avantages qui ont motivé, dans le principe, la création de la Société l'*Union Mobilière*, sorte d'annexe de la Banque de Prêts à l'Industrie ; cette institution sera l'objet d'un chapitre spécial.

Comme on voit, les prescriptions de l'article 4 spécifient les diverses opérations auxquelles la *Banque de Prêts à l'Industrie* peut prendre part et le mode de sa participation; celles de l'article 7 précisent dans quelles limites cette participation peut s'exercer. Il est facile de déduire de l'ensemble de ces règles que son capital ne peut être engagé que dans des prêts et avances de tout repos, et qu'il ne saurait être ni stérilisé ni englouti dans aucune entreprise.

Ainsi, à l'encontre des grands établissements de crédit que nous avons eu occasion de citer, la Banque de Prêts à l'Industrie ne fonde pas d'industries, ne participe à aucune création nouvelle ;

Elle ne peut faire partie d'aucun syndicat, ne peut s'intéresser dans aucune opération aléatoire ;

Elle n'émet de valeurs pour compte d'une industrie quelconque, voire même pour compte d'États ou de villes, qu'à titre de simple intermédiaire, et sans endosser jamais aucune responsabilité ;

Les obligations qu'elle émet pour son compte propre, doivent être hypothéquées franc pour franc, par une somme égale due par ses emprunteurs: voilà pour sa garantie propre. Le chiffre ne peut s'en élever qu'à dix fois celui de son propre capital et de ses réserves : voilà pour la garantie de ses clients.

Nous aurons à revenir longuement sur ces obligations-types qui sont, avec les émissions pour compte de tiers, le but capital de la Banque de Prêts à l'Industrie. Ses autres opérations ne sont presque, en effet, qu'accessoires. Ainsi elle exécute, pour ordre de ses clients, tous ordres de vente ou d'achats de titres, et se charge des formalités de transfert, du paiement des coupons, etc., mais il ne s'agit là que d'opérations gratuites, et toutes de commodité pour sa clientèle. Elle est autorisée à faire l'escompte du papier de commerce, à faire des prêts sur dépôts, mais c'est une conséquence de l'acceptation de sommes en comptes courants qu'elle a intérêt à pouvoir utiliser au profit des industries qu'elle patronne et dont la situation lui est mieux connue qu'à une banque quelconque ; et encore l'importance de ces dépôts ne peut-elle dépasser le double de son capital social et de ses réserves.

*
* *

Le but de la Banque de Prêts à l'Industrie, son objet capital, c'est le prêt à long terme à l'industrie française, soit directement, soit en coopérant aux émissions industrielles.

Mais la Banque de Prêts à l'Industrie ne vient en aide qu'aux industries déjà installées, et en plein développement, c'est-à-dire aux seules industries assurant déjà par les résultats acquis, par leur richesse reconnue, l'intérêt et l'amortissement du prêt.

Il y a plus : il faut en principe que le prêt sollicité ait pour conséquence l'accroissement des bénéfices dans une proportion supérieure ou au moins égale aux charges qu'il entraîne, et ne puisse grever les bénéfices anciens qui doivent rester à l'état de garantie. Seulement, le contrôle minutieux et compétent de la situation d'une entreprise, une fois fait; sa vitalité, sa prospérité une fois reconnues et dûment acquises, le concours de la Banque de Prêts à l'Industrie devient complet :

1° Elle prête à cette industrie le *capital fixe* qui lui est nécessaire pour compléter son outillage, ses aménagements ou son fonds de roulement, de façon à lui permettre de réaliser le plein de sa production ;

2° Elle peut lui prêter, au moyen des dépôts en caisse, contre engagements ordinaires de banque ou sur titres, le *capital matières* que cette industrie aurait peine à trouver en banque à des conditions aussi favorables que celles qu'elle peut faire : la Banque de Prêts à l'Industrie connaît, en effet, la situation propre de cette industrie, elle suit la marche de ses opérations : elle opère donc, pour ces prêts temporaires, en toute sécurité, et peut se passer de la multiplicité des signatures exigées par la Banque de France et obtenues généralement à prix d'argent.

Disons, toutefois, que la Banque de Prêts à l'Industrie n'a fait jusqu'ici qu'un usage excessivement limité de cette faculté de ses statuts ; elle est néanmoins libre d'en user selon son propre avantage ou celui de sa clientèle, et il était sage en tout cas de le prévoir.

Dès l'instant, en effet, où ses fondateurs avaient reconnu que la prospérité d'une industrie exigeait simultanément le concours d'un *capital fixe* et d'un *capital matières*, ils ont dû aviser à mettre la Banque de Prêts à l'Industrie à même de donner ce concours en son entier, de façon à ôter du chemin toute pierre d'achoppement pouvant empêcher le développement de l'industrie patronnée et devenue ainsi, pour une part, l'affaire des propres actionnaires de la Banque.

※
※ ※

La mission de la Banque de Prêts à l'Industrie est ainsi entièrement remplie au regard des besoins des industries qui ont recours à son aide. Elle l'est également vis-à-vis de ses propres actionnaires, dont les titres ne courent aucune aventure en raison des précautions extrêmes apportées à toute intervention de la Banque. Bien mieux, elle se fait, pour ses actionnaires et ses clients, gérante désintéressée de leur épargne flottante, elle paie gratuitement leurs coupons et accomplit, gratuitement encore et avec pleine compétence, toutes les opérations financières qui peuvent leur importer.

Cette coopération constante de la Banque, de ses actionnaires et de ses clients, coopération expliquée, analysée, justifiée par *le Conseiller*, son organe de publicité; resserrée encore par la création de l'Union Mobilière où leurs intérêts communs ont trouvé un nouveau champ d'action, a eu les suites les plus heureuses. C'est grâce à cette situation, toute nouvelle dans la Finance, que la Banque de Prêts à l'Industrie a pu prendre de si rapides développements. En faisant toucher du doigt à ses clients la prudence apportée à toutes ses opérations, en leur donnant le constant témoignage que leurs intérêts étaient en bonnes mains, que toutes les sources de revenus étaient mises à contribution à leur profit, en leur rendant enfin tous les petits services accessoires qui sont du domaine d'une banque dotée d'une puissante organisation, la Banque de Prêts à l'Industrie a acquis la pleine confiance de ses actionnaires et de ses clients qui, avec juste raison, ont considéré l'établissement comme leur banque propre et ne lui ont jamais marchandé leur concours. Les fondateurs de la Banque de Prêts à l'Industrie, ont droit d'être fiers d'un pareil résultat.

*
* *

Le programme de la Banque de Prêts à l'Industrie se complète par la faculté de faire des émissions pour compte d'industries en pleine activité, désireuses d'assurer tous les développements que leur situation comporte (1). Ici les intérêts des

---

(1) Le prêt à long terme peut être fait à une personne, à une société en commandite ou à une société anonyme.

En principe et en dehors de l'hypothèque, la Banque de Prêts à l'Industrie ne considère pas le prêt personnel comme suffisamment garanti. Le crédit personnel ne se prête pas, en effet, à un contrôle suffisant, ne fournit pas les éléments indiscutables propres à juger sûrement la situation d'une entreprise dans son passé et son avenir.

Le prêt à une société en commandite présente, il est vrai, plus de surface. Cependant la Banque de Prêts a pu juger par expérience qu'une telle société n'était pas toujours susceptible d'une surveillance efficace et que sa prospérité pouvait être atteinte avant qu'on ait eu le temps ou le pouvoir d'en modifier la direction; le caractère de la société en commandite est encore trop entaché de personnalité.

La Banque réserve son concours aux sociétés anonymes dont la direction est

actionnaires de la Banque ne sont pas, à proprement parler, autrement en cause que pour les bénéfices qui leur reviennent de ces émissions. Mais le Conseil d'administration a toujours compté trouver près de ses commettants un concours efficace pour tout appel de capitaux, une participation directe dans les entreprises patronnées par la Banque. Si celle-ci n'endosse, dans les émissions faites pour compte de diverses industries, qu'une responsabilité purement morale, elle ne voit, dans ce fait, qu'une raison de plus de ne pas aventurer l'épargne de ses clients. Ce n'est jamais qu'après une étude préalable très approfondie des conditions de vitalité et de prospérité d'une industrie, qu'elle a consenti à appeler sur elle l'intérêt de ses clients et qu'elle les a conviés à s'y associer. Il est inutile de nous appesantir ici sur la prudence et la sûreté d'examen qui ont présidé à cette expertise préalable : les monographies qui vont former la série de l'ALBUM ILLUSTRÉ de la Banque de Prêts à l'Industrie, en fourniront le vivant témoignage, en même temps qu'elles compléteront cette communion d'idées dont nous parlions plus haut, en initiant tous les clients de la Banque aux détails et à la marche de chacune des industries à laquelle ils se sont intéressés ; ces monographies sont, en quelque sorte, les procès-verbaux de l'expertise préalable faite par la Banque.

*
* *

On voit que, pour être un accessoire dans les opérations de la Banque de Prêts à l'Industrie, les émissions pour compte de tiers n'en sont pas moins l'objet d'une étude spéciale excessivement minutieuse et nous pouvons, sans vanité, ajouter des plus compétentes ; le lecteur est à même d'ailleurs d'en juger par lui-même.

---

unipersonnelle, désintéressée et d'ailleurs facile à modifier suivant les besoins, dont les bilans ne sont pas suspects, dont les résultats acquis sont aisés à constater et à contrôler.

Finalement, nous venons de résumer, en traits rapides, l'objet de la Banque de Prêts à l'Industrie et les diverses opérations qu'autorisent ses statuts. On peut s'assurer que tout ici est concordant pour atteindre le but, que pour chaque opération, on a prévu le mode et les moyens de la réaliser. Sans doute la Banque, avec l'ensemble de son organisation, n'a pas été créée d'un seul jet, comme Minerve sortant tout armée du cerveau de Jupiter, mais elle a été conçue tout d'abord dans tout son ensemble et chaque rouage nouveau avait été préparé dès l'origine. Elle n'existe guère que depuis deux ans et ses débuts ont été des plus modestes, mais dès maintenant, elle est en mesure de répondre complètement à tous les besoins qui ont motivé sa création, et nous allons en faire la preuve dans les chapitres suivants dont les sommaires peuvent s'énoncer en quelques mots :

La Banque de prêts à l'Industrie met au service de l'industrie les capitaux qui font besoin à celle-ci et qu'elle se procure au moyen d'obligations-types dénommées RENTE INDUSTRIELLE.

Elle coopère à l'organisation même de l'industrie et lui fournit son capital commanditaire au moyen d'émissions, aidée dans cette tâche par la Société l'UNION MOBILIÈRE.

Enfin elle est en rapport continuel avec sa clientèle au moyen d'un organe de publicité, le *Conseiller* — il ne nous est pas permis ici d'en faire l'éloge — et à l'aide d'agences dont le nombre s'accroît chaque jour et qui font rayonner sur tous les points du territoire l'esprit même qui a présidé à sa constitution.

CHAPITRE II

La Rente industrielle.

Prêter de l'argent à l'industrie française, la mettre ainsi à même d'acquérir tous les développements qui lui manquent; lui donner les moyens de perfectionner sa production en vue de la satisfaction de nos propres besoins et dans le but aussi de soutenir son antique réputation à l'étranger; alimenter le travail national, c'est-à-dire fournir un nouveau champ d'action à la main-d'œuvre, accroître ainsi les salaires et le bien-être de la classe ouvrière; retenir enfin l'épargne nationale au profit du travail national et même apporter en France l'argent des nations étrangères qui s'alimentent sur notre marché : voilà, certes, un beau et digne programme, c'est celui que la Banque de prêts à l'Industrie s'est proposé de réaliser

Prêter, — nous l'avons dit — présuppose l'existence de la matière du prêt et ensuite le bon vouloir et la coopération d'un prêteur. Il ne peut être question, en effet, pour la solution du problème, de prêter l'argent d'une banque : quel que soit son capital, il serait bien vite épuisé : une banque ne peut être qu'intermédiaire des prêts et son capital n'est que la garantie de la validité de ceux-ci.

La matière du prêt ne manque pas en France : on se prend même à regretter les efforts et les privations que s'impose notre pays pour réaliser de si abondantes disponibilités, quand on voit l'épargne française s'en aller, sous le patronage et l'impulsion de la haute Banque, courir des aventures à l'étranger et enrichir, à nos dépens, des voisins qui ne sont pas toujours des amis.

La difficulté se réduit ainsi à réaliser les disponibilités nécessaires aux prêts à l'industrie, à les réaliser dans des conditions qui séduisent les capitalistes, et soient acceptables en même temps pour les emprunteurs.

La Rente industrielle, créée par la Banque de prêts à l'Industrie, est conçue de façon à répondre à ce double terme.

Nous avons, en exposant la théorie du Crédit industriel, énuméré les conditions propres à faire agréer par le public le prêt à l'industrie : elles se résument dans la sécurité du prêt, dans l'assurance de la régularité des arrérages et dans la mobilité du titre. Nous avons à voir comment ces conditions s'appliquent à la Rente industrielle, et si elle remplit le programme dans toute son étendue.

*
* *

1° La sécurité de *la Rente industrielle,* quant au capital, a pour caution première l'actif tout entier des industries débitrices, dont la valeur est sévèrement contrôlée préalablement au prêt.

·Elles doivent offrir des sûretés positives en représentation du capital qu'elles demandent à emprunter, sûretés indépendantes des améliorations qui résulteront de l'emploi du prêt, et se résumant dans l'ensemble des trois catégories de valeurs dont nous avons fait ressortir la fixité relative, dans l'étude théorique du crédit industriel, savoir : richesse foncière, c'est-à-dire les immeubles; richesse industrielle, c'est-à-dire le matériel d'exploitation; enfin, un fonds de roulement liquide et réalisable.

Voilà pour la sûreté du capital. Quant à la sécurité des arrérages, la Banque de Prêts à l'Industrie, nous l'avons dit, ne donne appui qu'aux industries vivantes et prospères, à même de justifier par une série de bilans *non suspects* que les bénéfices acquis peuvent faire face aux charges nouvelles de l'emprunt qu'elles sollicitent. Les bénéfices nouveaux que le prêt doit réaliser sont certainement pris en sérieuse considération;

mais la règle absolue est de ne les considérer que comme un surcroît de garantie. Il est de principe que la Banque de Prêts à l'Industrie ne doit s'exposer à aucun *alea* et n'accepter en garantie que des gages antérieurement acquis. En la cause, elle n'est qu'obligataire et n'a pas à endosser de risques, puisque ses bénéfices sont strictement limités.

2° Il semble que la sécurité résultant de telles garanties met le prêt à l'abri de tout aléa, aussi bien pour le capital que pour les intérêts. Mais le contrôle exclusivement fait par les soins de la Banque pourrait être suspecté par les porteurs de *Rente Industrielle*. Aussi pour mettre à l'abri de toute suspicion la sécurité absolue du titre, la Banque de Prêts à l'Industrie n'a pas hésité à se porter garant de son enquête préalable, non pas seulement garant moral — son passé lui en donnerait le droit, — mais garant matériel. Elle répond de la Rente Industrielle — capital et intérêts — de toute la puissance de son capital et de ses réserves acquises. Si l'on veut bien se rappeler que les émissions d'obligations, autorisées par ses statuts, ne peuvent pas dépasser dix fois son capital, tout en restant représentées — franc pour franc — par des prêts préalables, on voit que cette garantie nouvelle n'est pas moindre de 10 0/0 du chiffre de la *Rente Industrielle:* certes il y a là de quoi couvrir l'aléa le plus imprévu, et nous ajouterons le plus improbable.

3° Et cependant ce n'est pas tout encore: il a été créé une nouvelle garantie non moins importante que les précédentes.

Sur chacun des prêts effectués, il est prélevé une prime qui s'accroît successivement de ses intérêts accumulés et d'une dotation annuelle prise sur les bénéfices du compte de prêts. C'est le fonds de réserve de la *Rente Industrielle*, le fonds de garantie appelé à couvrir toute perte éventuelle, de façon à dégager de tous risques aussi bien la *Rente Industrielle* que le capital même de la Banque de Prêts à l'Industrie qu'il importait de mettre hors de toute aventure.

Si l'on était tenté d'objecter que les sûretés fournies dans le principe par l'industrie débitrice peuvent s'affaiblir avec le temps, il suffit, pour détruire l'objection, de considérer que les charges, qui incombent au fonds de réserve de la Rente Industrielle, vont se réduisant chaque année par les amortissements successifs des prêts, tandis qu'au contraire l'importance du fonds de réserve ne cesse de s'accroître. Celui-ci représente donc, jusqu'au dernier moment, une réserve efficace et d'autant plus importante qu'on approche davantage de l'entier amortissement de la *Rente Industrielle* émise en représentation des prêts.

* *
* *

La *Rente Industrielle* offre ainsi à l'épargne des garanties aussi complètes, aussi absolues que les obligations foncières dont elle reproduit heureusement le type unique. Elle leur est supérieure par l'intérêt plus rémunérateur dont les conditions spéciales de l'industrie ont permis de la doter. La propriété foncière, à notre époque, jouit d'un revenu excessivement limité, et nous avons vu dans l'étude du crédit foncier que cette modicité n'était pas un des moindres obstacles à son développement normal. Il n'en est pas de même de l'Industrie : les bénéfices plus grands qu'elle réalise lui permettent, sans trop grande charge pour elle, de rémunérer bien plus largement ses emprunts.

L'obligation foncière, — on peut s'en assurer en se reportant à l'échelle des revenus, page 74, de l'Agenda de la Banque de Prêts à l'Industrie, — rapporte au maximum 3.80 0/0 par an, c'est-à-dire moins de 3.70, impôts déduits, tandis qu'on a pu élever jusqu'à 5 0/0 net d'impôts le revenu affecté à la *Rente Industrielle*. Ce revenu est, en outre, payable par trimestre comme celui des rentes sur l'État ; il est payable à présentation et sans frais aux guichets de la Banque de Prêts à l'Industrie et de ses cent douze succursales en exercice, réparties sur toute la surface de la France. Enfin, émise à l'origine à 20 0/0 au-dessus de son chiffre nominal, elle est néanmoins remboursable au pair, c'est-à-dire qu'elle a, en perspective, une prime de remboursement de 20 0/0, tandis que les obligations foncières sont présentement cotées au-dessus de leur valeur nominale et constituent une perte de capital en cas de remboursement.

*
 * *

La Rente Industrielle se présente, comme on voit, dans des conditions, en plus d'un point, supérieures à celles de l'obligation foncière. Et si l'on veut examiner cette même échelle de revenus dont il était question plus haut, on peut s'assurer que la *Rente Industrielle* est également plus avantageuse que toutes les valeurs similaires, c'est-à-dire à revenu fixe, qui présentent des conditions analogues de sécurité et offrent aux porteurs un marché suffisamment étendu pour assurer la mobilité du capital et sa facile circulation.

Ce n'est pas là, en effet, le moindre élément de la valeur d'un titre, ni le moindre obstacle à la vulgarisation de l'obligation industrielle. Seules, quelques grandes Sociétés industrielles telles que le Creuzot, le Gaz de Paris, les Omnibus, etc., ont réalisé des emprunts de quelque importance et créé un marché de 2,000 à 10,000 litres en moyenne. Encore est-ce là un marché très restreint et qui permet rarement à une offre de vente de trouver immédiatement sa contre-partie. Or, toute réalisation, et il faut pourtant prévoir le cas, nul ne pouvant répondre de l'avenir, toute réalisation d'un titre dont le marché n'a pas une surface suffisante, expose le porteur à une perte de temps et d'argent.

Lacréation d'une obligation industrielle de type unique obvie pleinement à ce risque, médiocre, si l'on veut, tant que le titre reste en portefeuille, mais qui doit cependant être pris en considération par l'épargne.

*
* *

La Banque de Prêts à l'Industrie a émis au début, dans les conditions résumées plus haut, 40,000 obligations de 125 francs; elle prépare l'émission de 10,000 obligations nouvelles de 375 francs chacune, dans les mêmes conditions. Le marché comporte donc, tout d'abord, un chiffre de 50,000 titres ayant, dès maintenant, pour clientèle, l'importante clientèle de la Banque de Prêts à l'Industrie.

Ainsi, garantie du capital engagé, sécurité complète des arrérages et de l'amortissement, intérêt exceptionnellement élevé, et enfin marché suffisamment étendu dès l'abord et appelé d'ailleurs à se développer avec le temps, de façon à assurer la mobilité absolue du titre : *la Rente Industrielle* réunit toutes les conditions propres à la faire rechercher par l'épargne.

On est ainsi fondé à compter sur la vulgarisation rapide de cette valeur, qui permettra de réaliser, en son entier, le programme résumé dans les premières lignes de cette notice.

L'UNION MOBILIÈRE

SOCIÉTÉ ANONYME

AU CAPITAL DE DEUX MILLIONS DE FRANCS

Divisé en 4,000,000 actions de 500 francs chacune
entièrement libérées.

SIÉGE SOCIAL : 9, RUE TAITBOUT, À PARIS

CONSEIL D'ADMINISTRATION

MM. **E.-Jacques PALOTTE**, Ingénieur, Sénateur, Président du Conseil d'administration de la Banque de Prêts à l'Industrie, *Président*.

BARTHE (Auguste), ✻, Ingénieur, administrateur délégué de la Société métallurgique du Périgord, Président de la Société des Forges de l'Ariège.

VATEL (Eugène), Administrateur de la Banque de Prêts à l'Industrie.

LALONDE (Eugène), ancien Banquier.

PAGEAUT-LAVERGNE, Négociant, Administrateur de la Société anonyme des *Anciennes raffineries Etienne et Cézard*, de Nantes.

CHAPITRE III

L'Union mobilière.

Les statuts de la Banque de Prêts à l'Industrie lui interdisent d'une manière absolue « de prendre un intérêt dans la création d'aucune entreprise nouvelle, de souscrire ferme aucune action industrielle ou autre », conséquemment de participer à aucun syndicat.

La raison en est simple : appelée par destination à vulgariser l'organe essentiel du « prêt à l'industrie », c'est-à-dire la *Rente industrielle* à laquelle tout son capital et ses réserves servent de garantie, elle ne dispose d'aucune ressource affectable à une autre destination.

Et cependant appelée, en sa qualité de banque d'émission, à émettre des actions, la Banque de Prêts à l'Industrie n'a pas tardé à se trouver en présence de situations spéciales où, faute d'un capital disponible, elle laissait échapper de fructueux bénéfices dont il lui a semblé qu'elle devait compte à ses actionnaires.

Engagée à émettre des actions d'entreprises dont elle avait pu, par un contrôle préliminaire, constater la situation prospère et les revenus certains, considérables qu'on pouvait en espérer, elle ne pouvait assister, inerte, passive, à la formation des syndicats d'émission, sans faire participer ses clients aux profits des syndicataires, profits particulièrement réalisés par son intervention.

Elle avait à se préoccuper également d'être à même de tenir constamment à la disposition de sa clientèle un stock de valeurs-actions sûrement éprouvées par l'épreuve infaillible

du temps. Ces valeurs plus rémunératrices sont indispensables
à la composition rationnelle d'un portefeuille. L'obligation représente l'élément fixe du revenu, mais non l'élément progressif
du capital, qui dérive de l'action seule. Sans élément progressif,
la valeur d'un portefeuille est stationnaire ; c'est dire qu'elle
décroîtra dans un temps donné, le capital perdant chaque jour
quelque peu de sa valeur.

C'est à ces deux ordres d'idées que répond la création de
l'*Union mobilière* dont tous les actionnaires ont été au début
des actionnaires de la Banque de Prêts à l'Industrie. C'est à
la fois un rouage complémentaire de la Banque de Prêts et une
caisse de dépôts où l'expérimentation des valeurs par le temps
vient compléter le contrôle préalable qu'elles ont subi à l'origine : la Banque de Prêts peut ensuite les présenter en toute
sécurité à sa clientèle.

*
* *

L'*Union mobilière*, constituée en 1879 au capital de 300,000
francs, tout versé, a, dès l'année suivante, porté son capital à
1,000,000 d'abord et ensuite à 2 millions. Dire qu'il est question maintenant de le porter à un chiffre de beaucoup supérieur,
c'est indiquer suffisamment l'extension que cette Société a prise
et les bénéfices qu'elle a valus, aussi bien à ses actionnaires
qu'aux clients de la Banque de Prêts à l'Industrie : il s'agit
bien d'ailleurs quelque peu des mêmes personnes qui recueillent
ainsi un double bénéfice.

Le capital de l'*Union mobilière* est doté de conditions exceptionnelles de sécurité et de rapport. Les titres qui entrent
dans sa caisse sont, de la part de la Banque de Prêts à l'Industrie,
l'objet d'un contrôle dont nous rappelons la minutie et la
compétence ; en outre, ils y entrent au prix des valeurs syn-
diquées, c'est-à-dire avec une réduction notable sur leur prix
réel : c'est là le premier élément de bénéfices, en même temps
que le principe de la sécurité du capital de l'*Union*, capita

toujours représenté par un ensemble de titres d'une valeur supérieure. De plus, et relativement à leur prix d'achat, ces titres produisent un intérêt très élevé pendant le temps qu'ils demeurent en caisse. D'où la sécurité de l'action de l'*Union mobilière* et l'élévation de son revenu ainsi alimenté par ces deux ordres de bénéfices. L'*Union mobilière* n'a pas distribué moins de 40 francs par semestre — soit 16 0/0 par an —, sans préjudice de la constitution de fortes réserves qui atteignent 60 francs par action.

*
* *

Nous l'avons déjà dit, la Banque de Prêts à l'Industrie n'est pas sortie toute constituée du cerveau de ses fondateurs ; ils ont bien dès l'abord choisi leur terrain, mais ils se sont réservé de ne le parcourir que pas à pas, suivant les besoins et l'opportunité du moment.

Il en a été de même de l'*Union mobilière.*

Simple annexe, à ses débuts, de la Banque de Prêts à l'Industrie, elle n'a pas tardé à acquérir un caractère propre et à constituer un rouage spécial apte à rendre à l'industrie française des services non moins importants que la Banque de Prêts elle-même. Les actions de l'*Union mobilière* sont appelées en effet à jouer, vis-à-vis des actions industrielles, le même rôle que joue la Rente industrielle au regard des obligations industrielles.

Celle-ci est l'obligation-type, celle-là sera l'action-type.

Quelle que soit une industrie, avec quelque soin qu'elle ait été étudiée, avec quelque habileté qu'elle soit conduite, elle offre toujours prise à un aléa quelconque. Un portefeuille qui ne contiendrait que des actions d'une seule entreprise, même excellente, ne constituerait donc pas une propriété de tout repos. Le revenu pourrait éprouver des écarts considérables et le capital même pourrait péricliter. Il est aisé de comprendre que le péril disparaît, si ce portefeuille, au lieu d'être formé d'une valeur unique, en comporte cinq, dix, vingt différentes, toutes choisies dans les conditions où opère la Banque de Prêts à l'industrie. Il se produit entre ces valeurs diverses une espèce d'assurance mutuelle, les unes progressant quand les autres menacent de décroître ; il s'établit une moyenne générale, en un mot, une *division des risques* qui annule tout aléa.

Tel est le caractère de l'action de *l'Union mobilière*, valeur représentative d'une part de cinq, dix, vingt actions diverses dont les variations possibles n'ont pas d'effet sensible sur elle, pas plus sur sa valeur intrinsèque que sur son revenu. C'est une action *Omnium*, valeur par excellence de tout repos et de revenu fixe ; c'est le type de l'assurance mutuelle appliquée aux capitaux.

* * *

Si l'industrie française n'a pu généralement, jusqu'ici, se constituer que par les capitaux de la commandite, si les questions personnelles sont entrées pour une si grande part dans ses développemments, en un mot, si la confiance lui a manqué, c'est à peu près uniquement aux risques que comporte une participation industrielle qu'il faut l'imputer. Qu'on y applique l'assurance mutuelle, principe des Compagnies d'assurances de toutes catégories, la *division des risques*, en un mot : toute hésitation disparaît, le risque divisé en parties suffisamment nombreuses n'étant plus un risque et pouvant se couvrir par une prime insignifiante.

Cette prime est acquise à *l'Union mobilière* par la réduction qui lui est faite sur chaque titre entrant dans sa caisse et elle s'accroît par ses réserves, de telle sorte que l'action de l'Union mobilière est une action-type à l'abri de tout aléa ; c'est en quelque sorte une obligation progressive en capital et en revenu.

On voit la portée industrielle que tend à prendre ce titre de création récente, et comment le capital de *l'Union mobilière* est appelé forcément à s'augmenter dans de rapides proportions.

L'augmentation du capital qui, dans beaucoup d'affaires est une cause d'affaiblissement du revenu ordinaire, joue ici un rôle absolument opposé. La proportion des bénéfices est, en effet, rationnellement en proportion du capital mis en œuvre, et l'aléa, naturellement, est en proportion inverse : plus le portefeuille de l'*Union mobilière* renferme de valeurs différentes, plus il acquiert de fixité en capital et en revenu. Toute augmentation du capital est ainsi une garantie de plus, et la base d'une plus-value, puisqu'elle étend les moyens d'action de la Société et la met à même de coter son concours à plus haut prix, de se réserver une plus grande part de bénéfice dans les participations qu'elle accepte.

*
* *

Nous en avons assez dit pour bien faire saisir le caractère de l'*Union mobilière,* son rôle, son programme. L'espace nous manque pour entrer dans de plus grands développements : les lecteurs les trouveront, d'ailleurs, tout au long dans « l'Agenda Financier » de la Banque de Prêts à l'industrie. Nous nous bornerons à une dernière considération qui mérite d'être signalée.

Les titres de l'*Union mobilière* ont pour caractère la fixité relative et la sécurité : l'une et l'autre dérivent du choix particulier des valeurs qui sont la représentation de son capital. Mais on pourrait faire observer que cette fixité et cette sécurité n'existent qu'autant qu'elles sont l'apanage des valeurs mêmes qui servent de garantie et que celles-ci les conserveront indéfiniment. Voilà l'objection.

Nous la reconnaissons fondée et nous venons même de reconnaître plus haut et sans hésitation que les actions industrielles n'étaient jamais à l'épreuve absolue du temps ; bien que l'Assurance mutuelle donne des garanties à cet égard, nous n'avons jamais prétendu que ces garanties soient radicales, en tout état de cause.

Mais l'objection, si elle est plausible en thèse générale, n'a aucune portée dans son application à l'*Union Mobilière*. Le portefeuille de l'*Union Mobilière* est, en effet, essentiellement mobile et aucun titre n'y séjournerait, s'il cessait un instant de perdre tout ou partie de la prime qu'il a en quelque sorte payée à son entrée : il serait sans retard vendu sur le marché et remplacé par un titre de valeur égale, mais en voie de hausse.

Les relations étroites de l'*Union Mobilière* avec la Banque de Prêts à l'industrie sont sa garantie sous ce rapport : tout grand établissement financier est à même, en effet, quand il le veut bien, d'apprécier sûrement la situation d'une valeur sur le marché et d'en débarasser son portefeuille pour peu qu'elle soit menacée.

⁂

Ce chapitre, consacré à l'*Union Mobilière*, termine la série des études consacrées à la Banque de Prêts à l'industrie et à son organisation financière. Avions-nous préjugé trop partialement de la cause, en affirmant que la Banque de Prêts a l'Industrie avait réalisé jusqu'au bout son programme et justifié le titre que ses fondateurs lui ont donné ?

Le résumé rapide de son fonctionnement et de ses procédés va répondre pour nous.

CHAPITRE IV

Fonctionnement de la Banque de Prêts à l'Industrie. Ses agences. — Sa publicité.

La Banque de Prêts a l'Industrie a été créée en vue du prêt à l'industrie : ses statuts ont été établis en conséquence et ne lui permettent pas de s'écarter de son but.

S'agit-il de prêts à court terme, d'escompte commercial, de *capital matières* en un mot ? elle a ses dépôts qui représentent du capital de même catégorie et qu'elle affecte à ces besoins.

S'agit-il de prêts à long terme, de prêts appelés à l'immobilisation, de *capital fixe* ? elle s'adresse à l'épargne dans les conditions normales que nous avons analysées.

L'industrie qui a recours à son aide est-elle organisée, est-elle vivace, prospère? elle accepte ses obligations dont la sécurité pourrait ne pas être admise sans conteste, quelque bien établie que soit cette industrie, et met en circulation, pour une somme égale, sa *rente industrielle* garantie par son propre capital et dont les conditions d'émission assurent la facile vulgarisation et la parfaite mobilité. Le rôle de la Rente industrielle relativement au capital prêté à l'industrie, c'est celui du « billet de banque », pour les valeurs d'escompte, celui de « l'obligation foncière » pour les prêts fonciers.

S'agit-il d'une industrie féconde mais n'ayant pas encore de précédents établis ? s'agit-il d'une industrie dont l'essor soit arrêté par une question de forme? s'agit-il en un mot de capital commanditaire? elle a l'*Union Mobilière* pour auxiliaire.

S'agit-il de colliger l'épargne disponible? elle a ses agences, dont le nombre est à cette heure de plus de 110, et qui s'accroît d'ailleurs chaque jour. Nous en donnons la liste plus loin. Elle ne se sert pas d'intermédiaires indépendants d'elle-même et forme un tout complet.

A-t-elle à vulgariser ses principes, son rôle, son but? elle possède un organe spécial, *le Conseiller*, dont la rédaction est sienne, qui répand ses idées propres, explique ses opérations, les analyse, en fait ressortir les conséquences, les avantages : c'est véritablement le « conseiller » de ses clients, et ceux-ci peuvent dire si, en aucune circonstance, il a abusé de leur confiance, s'il les a mal renseignés, mal conseillés.

*
* *

La BANQUE DE PRÊTS A L'INDUSTRIE est donc bien un organisme complet, vivant d'une existence propre, répondant à tous les besoins de l'industrie, rendant tous les services en vue desquels elle a été fondée.

Son organisation, ses rouages, ses moyens d'action ont été réglés d'après les données les plus positives de la science économique ; ils ne sont que l'application pratique de la théorie.

Inaugurée dans les conditions les plus modestes, elle n'a pas eu à essayer sa voie ; la route lui était tracée d'avance, et elle a pu marcher à grands pas vers le but qui lui a été assigné dès son origine. Ses fondateurs avaient constaté une lacune dans l'organisation du crédit: le crédit industriel était à l'état embryonnaire ; ils savaient cependant les ressources, les avantages que l'industrie était à même d'offrir à l'épargne. Ils se sont aussitôt mis à l'œuvre pour créer ce crédit spécial avec tous les développements qu'il comporte, et qui sont aussi profitables à l'épargne nationale qu'ils sont avantageux pour notre production, notre richesse, notre bien-être, et finalement, pour la grandeur de la patrie !

*
* *

C'est maintenant au lecteur à apprécier : il trouvera dans ce volume et ceux qui doivent le suivre, toutes les pièces du procès. Mais, dès à présent, nous pouvons dire que nous avons confiance dans son jugement et que la BANQUE DE PRÊTS A L'INDUSTRIE sortira indemne de ce contrôle.

BANQUE DE PRÊTS A L'INDUSTRIE

Liste des Villes où la Banque de Prêts possède des Succursales (1).

Abbeville, 40. rue Saint-Vulfran.
Agen, 4, rue Saint-Etienne ;
Alençon, 53, rue aux Sieurs;
Amiens, 5, place Périgord:
Ancenis, rue du Coq-d'Inde ;
Angers, 31, rue Saint-Julien ;
Angoulême, 33, rue d'Austerlitz ;
Anizy-le-Château, pl. du Marché-d'Hiver;
Arras, 15, place de la Comédie ;
Auch. 3, rue Bazillac ;
Aurillac, 11, rue de la Gare ;
Baugé, 12, rue Saint-Pierre ;
Bayonne, 29, rue Thiers ;
Beaune, 28, rue d'Alsace ;
Bergerac, rue Neuve-d'Argenson ;
Besançon, 10, rue Proud'hon ;
Béziers, 24, allée Paul-Riquet ;
Blois, rue Denis-Papin ;
Bordeaux, 2 bis, rue Guillaume-Brochon ;
Boulogne-sur-Mer, 2, rue Monsigny ;
Brest, 92, rue de Siam ;
Brioude, 2, boulevard Jacopin ;
Bruai (Nord) ;
Cahors, 73. boulevard du Nord ;
Cambrai, 11, rue des Carmes ;
Carcassonne, 30, rue du Pont-Vieux ;
Cette, 41, Grand'Rue;
Chalonnés, place du Pilori ;
Châlons-sur-Marne, 7, rue Garinet;
Chalon-sur-Saône, 1, rue Pavée ;
Chartres. 5, place des Halles ;
Châteauroux, 23, rue Saint-Luc ;
Cheslay (Aube) ;
Chinon, 55, place de l'Hôtel-de-Ville ;
Clermont-Ferrand. 6, rue de l'Ecu ;
Cognac, 6, rue du Minage;
Condé, rue de la Cavalerie ;
Dax, 27, rue Neuve ;
Denain, place Verte;
Dijon, 10, place d'Armes;
Dinan, 5, rue de la Poissonnerie ;
Douai, 22, rue du Gouvernement ;
Dunkerque, 19, place Jean-Bart ;
Ecommoy (Sarthe) ;
Epernay, 33, rue Porte-Lucas ;
Evreux, 22, rue Chartraine;
Fontenay-le-Comte, 2, r. du Ch.-de-Foire ;
Fougéres, 16, rue Royale ;
Gray, 7, rue de l'Eglise ;
Grenoble, 1, place Notre-Dame;
Honfleur, 2, place Notre-Dame ;
Issoire, 29, boulevard de la Halle ;
Joigny, rue des Moines ;
Jonzac, 108, Grand'Rue;
La Flèche, 14, rue Saint-Jacques ;
La Rochelle, 1, rue des Augustins ;

La Roche-sur-Yon, 2, rue de la Mairie ;
Le Creuzot, 28, boulevard du Guide ;
Le Havre, 176, boulevard de Strasbourg ;
Le Mans. 7, rue Auvray;
Le Puy, 72, boulevard Saint-Louis ;
Libourne, 60, rue de Périgueux ;
Lille, 95, rue Nationale;
Limoges, 9, rue des Arênes;
Lisieux, 72, rue Pont-Mortain ;
Loches, 2, rue Bourdillet ;
Lons-le-Saulnier, 11, rue Lafayette;
Lorient, 105, rue du Port ;
Louhans, Grande-Rue;
Louviers, 12, rue Tatin;
Lyon, 2, place de la Bourse ;
Marans (Charente-Inf.), 21, rue du Marché;
Marseille, 37, rue de Grignan ;
Melun, 7 bis, rue de Boissettes ;
Montluçon, 37, Grande-Rue;
Montpellier, 22, boulev. du Jeu-de-Paume ;
Mont-de-Marsan, 16, r. de la Préfecture ;
Moulins. cours Berulle ;
Nantes, 4, place Royale ;
Narbonne, place de l'Hôtel-de-Ville ;
Nevers, 9, place Guy-Coquille ;
Nîmes, 21, rue de l'Aspic ;
Niort, 24, rue de l'Arsenal ;
Nogent-le-Rotrou, 4, rue Nve-des-Prés ;
Orléans, 30, rue Jeanne-d'Arc ;
Pau, 10, rue Henri IV ;
Périgueux, route d'Angoulême ;
Poitiers, 20, place du Pilori ;
Quimper, 12, quai du Steir ;
Redon, Grande-Rue;
Reims, 15, rue des Élus ;
Rennes, 6, rue de la Monnaie ;
Roanne, 8, rue de la Côte ;
Rochefort, 113, rue des Fonderies ;
Roubaix, 41 bis, rue du Chemin-de-fer;
Rouen, 40, rue des Carmes ;
Saintes, 51, Cours National ;
Saint-Étienne, 6, pl. de l'Hôtel-de-Ville ;
Saint-Jean-d'Angély, place Regnault ;
Saint-Malo, 14, rue des Cordiers ;
Saint-Quentin, 18, rue du Petit-Paris;
Sancerre, place du Puits-Saint-Jean ;
Saumur, 29, rue Saint-Jean ;
Savénay, place des Halles ;
Soissons, 9, rue Saint-Antoine ;
Tarbes, 60, rue des Grands-Fossés ;
Thiers, 30, rue Terrasse;
Tours, 24, rue de la Scellerie ;
Troyes, 22, rue des Quinze-Vingts.
Valenciennes, 85, rue Saint-Géry;
Vannes, rue Billaut ;
Vendôme, 11, place Saint-Martin.

(1) Cette liste ne comprend que les succursales et agences installées et fonctionnant au 1er février 1881.

L'INDUSTRIE DU FER

LES USINES

DE LA

SOCIÉTÉ MÉTALLURGIQUE DU PÉRIGORD

DU PÉRIGORD

CAPITAL SOCIAL : 2,000,000 DE FRANCS

Divisé en 2,000 Actions de 1,000 francs chacune, entièrement libérées

---

10,000 OBLIGATIONS DE 300 FRANCS CHACUNE — ENSEMBLE 3,000,000 FRANCS

CES OBLIGATIONS SONT REMBOURSABLES AU PAIR EN 50 ANS

Elles rapportent **15 francs** *d'intérêts annuels payables les 1er avril et 1er octobre de chaque année : 1° au siège social ; 2° à la* BANQUE DE PRÊTS A L'INDUSTRIE, *à Paris, 7 et 9, rue Taitbout, et dans ses Succursales en province.*

SIÈGE SOCIAL A PARIS : 80, RUE TAITBOUT

CONSEIL D'ADMINISTRATION

MM. le comte **DE FAYÈRES**, ✳, propriétaire, ancien secrétaire d'ambassade. *Président.*

BARTHE, ✳, ingénieur, président de la Société des Forges de l'Ariège, *Administrateur-Délégué.*

A. DELAGE, négociant,

H. DESMONT, maître de forges à Paris, } *Administrateurs.*

DE CHATEAUVIEUX, propriétaire,

Secrétaire général : M **F. RIGAL**, docteur en droit.

LES USINES

DE LA

SOCIÉTÉ MÉTALLURGIQUE DU PÉRIGORD

CHAPITRE PREMIER

L'INDUSTRIE DU FER

Aperçu historique, procédés de fabrication, théorie sommaire de ces procédés. — Haut-fourneau, affinage et puddlage. — Caractères distinctifs de la fonte, du fer et de l'acier.

Dans tous les temps la métallurgie, c'est-à-dire l'art d'extraire les métaux de leurs minerais, a été considérée comme une industrie mère.

Les rudiments de la civilisation moderne ne commencent à apparaître dans la série des siècles qu'avec la fabrication et l'usage des métaux.

Tant que l'homme a été réduit à tailler le silex pour se confectionner des armes et des outils, il a végété dans un état peu différent, sans doute, de celui des sauvages qui peuplent encore aujourd'hui certaines îles de l'Océanie.

C'est d'abord le cuivre, l'étain, et le bronze leur dérivé, qui ont sollicité l'industrie humaine.

Le fer n'est venu que plus tard ; il était connu cependant à l'époque d'Homère, dont les poèmes sont les premiers documents positifs que nous possédions sur la civilisation occidentale.

Toutefois, il passait encore à cette époque pour un métal rare et précieux ; la matière première, c'est-à-dire le minerai de fer, était bien aussi connue à cette époque que de nos jours, mais le traitement de cette matière exige des températures élevées que les anciens, réduits au bois pour unique combustible, ne produisaient qu'avec de grandes difficultés.

Il est probable que c'est après la découverte de la fabrication du charbon de bois que la fabrication du fer prit un développement sérieux.

Le mode de traitement des minerais de fer qui paraît avoir été universellement suivi jusqu'à l'invention des hauts-fourneaux, ne différait pas essentiellement des forges catalanes qui fonctionnent encore dans les Pyrénées.

Il consiste à placer dans un foyer réfractaire, du charbon de bois que l'on recouvre de minerai ; on allume le charbon, et l'on active la combustion au moyen d'une soufflerie dont le mécanisme a varié à travers les âges : le charbon, en brûlant, donne de l'acide carbonique qui, traversant les couches supérieures de charbon portées au rouge, se transforme en oxyde de carbone. Ce gaz oxyde de carbone est un agent réducteur puissant qui décompose l'oxyde du minerai. Il se forme un silicate de fer fusible (scorie) qui s'écoule en partie par une ouverture inférieure, et une loupe pâteuse de fer qui retient encore une partie de silicate de fer. Pour l'en débarrasser, on porte cette loupe sous un marteau-pilon, et finalement on obtient du fer pur.

Ce procédé exige une grande consommation de combustible, et il est si imparfait, si loin d'extraire du minerai toutes ses richesses, qu'il n'est pas rare aujourd'hui de trouver, sur les anciennes exploitations, des quantités de scories assez riches pour être traitées très avantageusement dans les hauts-fourneaux comme des minerais vierges.

Le fer ainsi obtenu coûte donc fort cher, et l'industrie moderne n'obtiendrait, par ces procédés primitifs, ni le bon marché, ni les quantités qui lui sont nécessaires.

On a dit que la civilisation d'un peuple peut se mesurer à la quantité de fer qu'il consomme. C'est presque un axiome : il n'y a pas, en effet, de nations grandes sans chemins de fer, sans grandes usines ; or, tout cet outillage est tiré du fer.

La marine tend à substituer le fer au bois dans les constructions navales.

L'outillage militaire emploie, en grandes quantités, le fer et ses dérivés ; presque toute l'artillerie européenne est aujourd'hui en acier.

Un pays absolument dépourvu d'établissements producteurs de fer serait donc très compromis en temps de guerre. C'est une question de salut national que de veiller à ce que cette grande industrie reste vivace, et si les doctrines libre-échangistes peuvent avoir une justification, c'est surtout quand il s'agit des nécessités militaires. Certes, la métallurgie du fer est solidement assise dans notre pays, cependant l'élévation du prix du combustible, relativement aux prix dont jouissent les Anglais, les Belges et les Allemands, ne nous permet pas de produire au même prix qu'eux.

Pour que l'industrie du fer prospère en France ; pour qu'elle y reste à la hauteur des besoins permanents de l'armement terrestre et naval, il peut être nécessaire de défendre notre frontière par des droits, non pas prohibitifs, mais compensateurs, dans certaines limites, de la différence de prix du combustible,

※
※ ※

Sollicitée par de nombreux besoins, l'industrie du fer s'est rapidement développée; elle a perfectionné tous ses procédés, elle les perfectionne encore tous les jours.

Le premier grand progrès dans la métallurgie du fer remonte au XVIᵉ siècle, et consiste dans l'emploi du haut-fourneau pour la production de la fonte.

Le haut-fourneau se compose d'un cône supérieur (la cuve) qui s'accole par sa base avec un autre cône renversé (les étalages); la base commune se nomme le ventre. Au-dessous du dernier cône, est une partie cylindrique où débouchent les tuyères d'introduction d'air; on l'appelle l'ouvrage, et elle est terminée par un creuset pourvu, sur une face, d'une ouverture par où se fait la coulée.

La partie supérieure du haut-fourneau se nomme le gueulard, c'est par là que sont introduites les charges.

Voici, en quelques mots le fonctionnement d'un haut-fourneau:

Un haut-fourneau marche sans interruption, et il y a toujours une colonne descendante formée de minerai et de combustible, et une colonne ascendante gazeuse, produit de la combustion et des réactions chimiques. L'air projeté par les tuyères, composé d'azote et d'oxygène, donne, par la combustion du charbon, de l'acide carbonique qui, en montant, se trouve ramené à l'état d'oxyde de carbone au contact des couches supérieures de combustible chauffées au rouge. Ce gaz oxyde de carbone, agent réducteur de premier ordre, en présence du minerai (qui n'est autre chose que de l'oxyde de fer) à une haute température, le réduit, en s'emparant de son oxygène, pour se reconstituer à l'état d'acide carbonique. Le résultat de cette réduction est un mélange de gangue et de fer métallique très divisé.

Pour se débarrasser de cette gangue, on a été conduit, surtout dans le traitement des minerais pauvres et siliceux, à introduire dans les charges, une proportion variable de castine (carbonate de chaux). Cette matière, en se décomposant, donne de l'acide carbonique, et une base, la chaux, qui forme, avec les matières contenues dans la gangue, des sels facilement fusibles qui prennent le nom de *laitiers*. Ces sels, en chimie, se nomment des silicates à base multiple (chaux, potasse, alumine, manganèse, etc., etc.)

À sa sortie du gueulard, la colonne gazeuse est donc un mélange d'azote, d'oxyde de carbone et d'acide carbonique.

Quant au fer métallique, il se combine avec une certaine proportion de carbone pour former la fonte et tombe, pêle-mêle avec les laitiers, dans le creuset où la séparation s'effectue suivant l'ordre des densités. Les laitiers surnagent et finissent par se déverser au-dessus de la grosse pièce qui limite le creuset et qui s'appelle *dame*. Quand le creuset est plein de fonte, on démasque une ouverture ménagée dans la dame, et le métal s'écoule dans des rigoles de sable ou dans des moules préparés à l'avance.

Tel est le fonctionnement général du haut-fourneau. A ce fonctionnement, concourent divers organes dont chacun a été l'objet d'études infinies ; en voici la nomenclature :

1° Appareils pour monter les charges au gueulard ;

2° Appareils d'introduction des charges ;

3° Machines soufflantes ;

4° Appareils destinés à chauffer l'air avant de l'introduire dans le haut fourneau par les tuyères, d'où résulte l'économie de toute la chaleur qui serait nécessaire pour élever à la haute température du foyer l'air froid extérieur ;

5° Appareils destinés à recueillir les gaz combustibles à leur sortie du haut fourneau et à les utiliser soit pour chauffer l'air, soit pour chauffer des générateurs de vapeur.

Dans son fonctionnement théorique, le haut fourneau est resté ce qu'il était dès le xvi° siècle, ses organes extérieurs seuls ont été l'objet de progrès continus. Toutefois, au charbon de bois employé à l'origine, a été substitué le coke, produit de la carbonisation de la houille. C'est cette substitution qui a permis de développer aussi largement la métallurgie du fer : le charbon de bois est, en effet, d'un prix trop élevé, son emploi amène le déboisement de régions entières, enfin il confine la métallurgie dans les districts forestiers.

C'est l'emploi du coke qui a fait la fortune de l'industrie anglaise.

*
* *

Outre ses emplois directs, la fonte sert à reproduire le fer et l'acier.

Le fer est le métal presque pur : la fonte et l'acier représentent des combinaisons du métal avec une proportion variable de carbone, proportion plus grande dans la fonte que dans l'acier.

Ces combinaisons sont fusibles, et cette fusibilité s'accroît avec la teneur en carbone ; elle est donc plus grande pour la fonte que pour l'acier.

La fonte contient de 2 à 5 0/0 de carbone combiné : elle est fusible à 1,200 degrés, ce qui est une température relativement peu élevée en métallurgie. Elle s'emploie, grâce à cette propriété, pour toutes les pièces de moulage : on la coule dans des moules de sable, soit à la sortie du creuset, soit après une refonte au cubilot. Les moulages qui en proviennent sont dits, suivant le cas, de première ou de seconde fusion.

La fonte utilisée ainsi est à grains gris, résistante ; elle doit être douce, c'est-à-dire attaquable par les outils, elle doit se laisser tourner, raboter, aléser, etc., en un mot, se prêter à tous les travaux d'ajustage.

Lorsque la fonte est destinée à la fabrication du fer ou de l'acier, on diminue sa teneur en carbone.

Cette espèce de fonte est moins résistante, son grain est

généralement blanc ou truité, elle prend le nom de fonte d'affinage.

L'acier renferme de 0,25 à 2 0/0 de carbone, et sa qualité varie avec la teneur.

Les caractères généraux de l'acier sont la fusibilité et la faculté de prendre la trempe, c'est-à-dire de durcir sous l'action d'un brusque refroidissement.

L'acier s'emploie pour le moulage de pièces demandant une résistance particulière ; la trempe lui donne une dureté qui le rend propre à la fabrication des armes blanches, et des outils destinés à travailler les métaux. Ses emplois, grâce à certains procédés nouveaux de fabrication, ont pris dans ces derniers temps une extension considérable. Partout, il tend à se substituer au fer : c'est ainsi que nos grandes Compagnies de chemins de fer ont adopté le rail en acier, et qu'elles ont substitué l'acier au fer dans de nombreuses applications.

Les procédés, employés pour produire l'acier à bon marché, sont dus à Bessemer et à Martin ; le métal obtenu par ces deux systèmes n'est pas rigoureusement de l'acier, c'est plutôt du fer légèrement carburé.

Le fer est, comme nous l'avons dit, le métal théoriquement pur ; il est difficilement fusible, mais il jouit par contre d'une propriété précieuse, *la malléabilité*, c'est-à-dire la faculté de prendre sous les coups du marteau et sous l'étreinte du laminoir les formes les plus diverses.

Ces qualités supposent que le minerai traité était un pur oxyde de fer. En réalité il renferme bien d'autres éléments, que la fonte, le fer et l'acier retiennent pour partie, et qui peuvent en modifier profondément la qualité.

Le phosphore, le soufre, la baryte les rendent cassants et détestables ; le manganèse, au contraire, communique à la fonte des qualités exceptionnelles et la rend particulièrement propre à la fabrication de l'acier. L'expulsion des matières nuisibles fait partie de l'œuvre du métallurgiste.

Le haut fourneau produit la fonte. Pour la transformation de celle-ci en fer, divers procédés sont en usage.

Voici les deux plus usuels :

1° *Affinage*. — Ce procédé rappelle la forge catalane : le minerai est remplacé par la fonte additionnée souvent d'une certaine proportion de ferraille. La fonte en fusion tombe en gouttes qui s'oxydent fortement au contact de l'air de la tuyère, tout en se débarrassant de leur carbone ; cette fonte oxydée, se trouvant ensuite en présence de l'oxyde de carbone, se transforme en fer pur.

Ce procédé fournit d'excellent fer doux, mais l'emploi du charbon de bois le rend très coûteux ; en outre, le déchet du métal est d'environ 20 0/0.

2° *Puddlage*. — La fonte est disposée sur la sole réfractaire d'un four à réverbère.

Sous l'action de la chaleur, elle entre en fusion, et comme on a le soin d'introduire dans le four de l'air en excès, l'atmosphère est très oxydante. Le carbone est brûlé, soit directement par l'air, soit par l'oxygène de l'oxyde de fer, car on a soin d'ajouter toujours des scories de silicate de fer basique ; il y a un excès de base, qui est réduit et donne du fer.

L'ouvrier, avec un ringard, retourne la masse en tous sens, l'oxyde de carbone se dégage en bouillonnant, et l'on retire le fer par loupes que l'on porte sous le marteau.

Mais c'est surtout sous forme de fer laminé que le métal est livré au commerce. Ce fer, chauffé à une température convenable, passe entre des cylindres puissants munis de cannelures qui lui donnent sa forme définitive : on fabrique des fers ronds, carrés, plats, cornières, feuillards, fers à planchers, etc.

CHAPITRE II

Description des Usines de la Société Métallurgique du Périgord, Approvisionnements, Hauts-fourneaux, fonderie, tuyauterie, ateliers d'ajustage.

Tels sont, sommairement, les procédés et la théorie de la production du fer et de ses dérivés. Reste à étudier les détails sans nombre du travail de ces métaux en vue des applications qu'ils reçoivent dans l'industrie; nous allons l'essayer. Nous avons fait choix, à cet effet d'établissements réunissant dans leur ensemble les procédés de fabrication et de transformation les plus puissants et les plus perfectionnés.

Ces établissements, ce sont ceux que la Société métallurgique du Périgord possède dans la région Sud-Ouest de la France: ils nous offriront d'une part des hauts fourneaux, une fonderie modèle, une tuyauterie, des ateliers d'ajustage; d'autre part des feux d'affinerie, des fours à puddler, des laminoirs et finalement une tréfilerie, une pointerie et une galvaniserie.

Nous y verrons d'un côté couler la fonte dans des moules gigantesques d'où sortent des tuyaux de fonte pesant trois mille kilogrammes, et de l'autre étirer le fer en fil plus mince qu'un cheveu d'enfant.

Les établissement dont il s'agit forment deux groupes, l'un à Fumel (Lot-et-Garonne), l'autre à Bordeaux. A Fumel la fonte et ses produits multiples, à Bordeaux, le fer et ses transformations diverses, en particulier en laiton et en fonte.

Les usines de Fumel sont situées sur le Lot, entre Cahors et Villeneuve-sur-Lot. Elles sont traversées par la ligne de Libos à Cahors qui appartient au réseau de l'Orléans.

Société Métallurgique du Périgord.

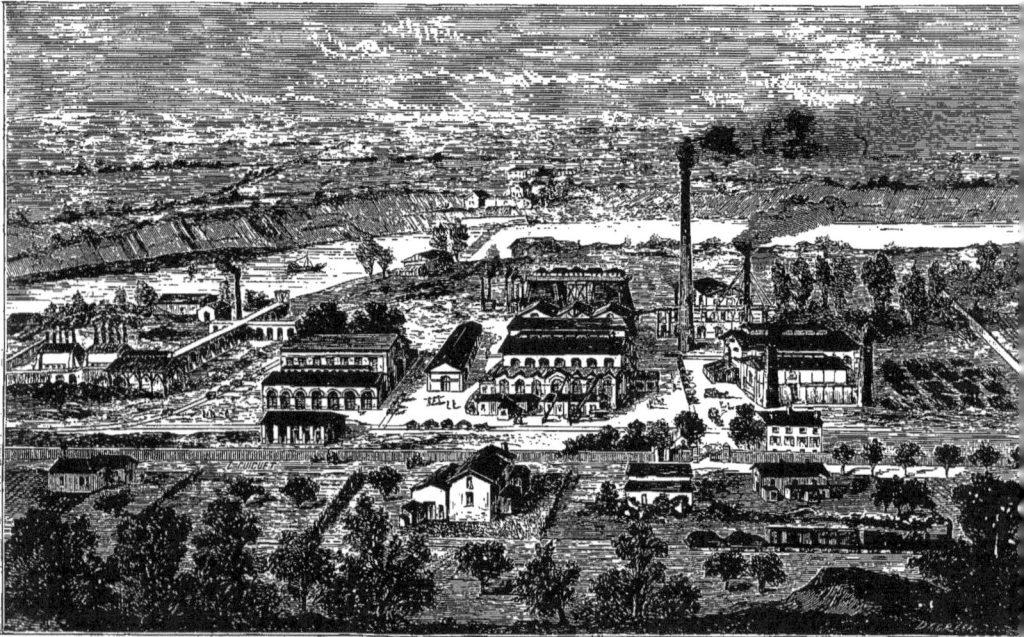

Vue à vol d'oiseau des usines de Fumel.

Au point de vue des transports, il est difficile de trouver une position plus heureuse : le Lot navigable en toute saison permet de descendre jusqu'à Bordeaux ; par le réseau de l'Orléans on peut desservir tout le centre et l'Ouest, et à la distance de 40 kilomètres, on rencontre Agen et tout le réseau du chemin de fer du Midi.

Pour l'exportation, ces usines ont le choix entre Cette, Port-Vendres et Bordeaux : elles ont ainsi une porte ouverte sur les deux mers.

Le pays environnant est fertile en minerais de fer, minerais qui ne se distinguent pas toujours par une grande richesse, mais qui sont exempts de soufre et de phosphore et donnent des fontes très résistantes et propres à tous les usages. Leur abondance est telle que nombre de grandes sociétés métallurgiques en tirent une partie de leurs approvisionnements, sans que le prix tende à s'élever.

On trouve facilement dans cette région des minerais rendant 40 0/0 de fer et dont le prix varie de 5 et 6 francs la tonne rendue dans l'usine.

L'emploi d'une grande quantité de castine est indispensable pour la réduction de ces minerais, qui sont très siliceux ; mais la chaux abonde dans la région, et l'usine de Fumel exploite à cinq cents mètres du haut fourneau, des carrières que la génération actuelle ne verra pas épuiser.

Pour compléter ses approvisionnements en minerais, c'est-à-dire pour enrichir ses lits de fusion, l'usine de Fumel a le choix entre les minerais d'Afrique, ceux de la Côte orientale d'Espagne et les minerais de Bilbao. C'est à ces derniers qu'elle a jusqu'à ce jour accordé la préférence. Ils lui arrivent par Bordeaux à des conditions de transport très modérées.

Cette position exceptionnelle fait assurément le plus grand honneur à la sagacité des créateurs de ces usines.

De tout temps les vallées du Lot et de l'Aveyron ont été le théâtre d'exploitations métallurgiques, mais c'est la construction des chemins de fer qui a donné à ces exploitations les proportions en rapport avec l'état actuel de l'industrie. Les grandes usines d'Aubin et de Fumel ont la même date que la ligne du Grand Central dont elles étaient la propriété. Elles passèrent avec cette ligne à la Compagnie d'Orléans qui garda Aubin pour la fabrication de ses rails et vendit Fumel à la Société métallurgique de la Vienne.

Cette Société rétrocéda son acquisition en 1874 à la Société métallurgique du Périgord qui en est aujourd'hui propriétaire.

L'usine de Fumel est maîtresse des deux rives du Lot à cette partie de son cours. Indépendamment de quatorze hectares de terrains, dont six enclos de murs sur lesquels sont construits les ateliers, elle possède de l'autre côté de la rivière un moulin et un terrain important.

A ce même endroit a été établi un barrage qui donne une chute d'eau de 1^m,80 à l'étiage, ce qui représente une force d'environ 500 chevaux, tout entière à la disposition de l'usine.

Les usines se relient à la station de Fumel au moyen d'un embranchement qui prolonge ses rails dans tous les ateliers et sur tous les parcs d'approvisionnements.

Avec de pareils éléments on peut affirmer qu'il n'existe pas en France, non seulement dans l'industrie métallurgique, mais dans quelque industrie que ce soit, un établissement aussi privilégié que Fumel. Voies de fer, voie d'eau, force hydraulique, vaste terrain ,proximité de la mer, matières premières sous la main, c'est en quelque sorte l'idéal des conditions pour une industrie.

Quel que soit le sort que l'avenir réserve à la métallurgie, les propriétaires de Fumel peuvent être sans crainte, il ne saurait y avoir de déception pour eux.

Rendons également justice aux hommes qui ont tiré parti de ces éléments de succès, et notamment à MM. Barthe et Pautard qui, dans leurs fonctions respectives d'administrateur délégué de la Société du Périgord et de directeur de l'usine de Fumel, ont présidé à tous les perfectionnements qui font de cette usine une usine modèle supérieure à tout ce qu'on peut remarquer en France et à l'étranger en matière de fonderie.

Nous craindrions de paraître tomber dans la réclame en insistant sur ce point délicat des personnalités, nous préférons renvoyer le lecteur aux hommes spéciaux et compétents auxquels les noms que nous venons de citer sont familiers.

SECTION I

Hautsfourneaux et annexes; Souffleries, appareils à air chaud, décrassage, etc.

Hauts-fourneaux. — L'usine de Fumel comprend deux hautsfourneaux de grande dimension, marchant au coke, et produisant chacun 40 à 45 tonnes de fonte par jour.

Société Métallurgique du Périgord.

Vue des deux hauts-fourneaux de Fumel.

Ces hauts-fourneaux sont accouplés et desservis par un montecharge hydraulique qui apporte sur une plate-forme les matières premières : minerais, castine et coke ; ceux ci sont, de là, dirigés sur les gueulards.

On les place en proportions convenables sur une trémie conique qu'abaisse un mécanisme fort simple : toute la charge est introduite d'un seul coup, et la trémie en se relevant ferme complètement l'ouverture afin d'éviter la déperdition des gaz combustibles dont nous verrons tout à l'heure le judicieux emploi.

Les hauts-fourneaux de Fumel ont 15 mètres de hauteur et 4^m,50 de diamètre au ventre, leur volume est de 160 mètres cubes. Ils absorbent chaque jour en minerais, castine et coke, un poids total moyen de 175 tonnes.

Le chiffre le plus intéressant dans la marche d'un haut-fourneau, c'est la consommation du combustible, car c'est la plus coûteuse des matières premières.

A Fumel ce chiffre est d'environ 1,150 kilogrammes de coke par tonne de fonte produite.

Ajoutons que les cokes employés sont d'excellente qualité ; ils proviennent du bassin d'Ahun, de Carmaux et de Bordeaux, où la Société possède des ateliers de carbonisation sur lesquels nous aurons à revenir ultérieurement.

La fonte produite est tout à fait supérieure ; elle est grise, d'une résistance exceptionnelle, douce à travailler. Elle permet de couler en première fusion tous les moulages ; d'où résulte une grande économie, car la refonte au cubilot ne coûte jamais moins de seize francs par tonne.

Elle a été l'objet d'une étude complète de la part de l'administration de la Marine, et le rapport de la Commission a été des plus favorables. Voici un extrait de ce rapport :

« Nous avons pensé qu'il y aurait intérêt à étudier les fontes de Fumel comparativement avec la fonte écossaise Glengarnok.

» Il a été fait deux mélanges :

» 35 0/0 vieux projectiles ;

» 35 0/0 jets ;

» 5 0/0 alélick.

- » On a complété d'une part avec 25 0/0 de fonte de Fumel, d'autre part avec 25 0/0 de fonte écossaise.

» En comparant le résultat des deux mélanges, on trouve que la résistance au choc a été comme moyenne : pour la fonte de Fumel, de 0^{m}31, et pour la fonte écossaise, de 0^{m}27.

» De toutes les expériences qui ont été faites sur la fonte de Fumel, on peut conclure qu'elle est très dosante, qu'elle a une flexibilité très grande et serait très utilement employée pour la fabrication des projectiles, où l'on emploie généralement des fontes avancées. »

A ce témoignage officiel peut être ajouté celui de toutes les grandes maisons de construction françaises : Fives-Lille, le Creuzot, Maubeuge, la Société des Batignolles, etc., qui ont eu l'occasion d'employer les fontes provenant de cette usine.

Ces qualités résultent du mélange des minerais du Périgord ave les minerais d'Espagne.

*
* *

Passons rapidement en revue les installations accessoires des hauts fourneaux.

MACHINES SOUFFLANTES. — L'air injecté dans chaque haut-fourneau par deux tuyères est puisé dans un vaste réservoir où il est refoulé et comprimé par deux puissantes machines à vapeur à balancier horizontal pouvant développer chacune une force de cent chevaux et produisant une pression de 14 à 15 centimètres de mercure, à la température de 350°, température obtenue par un procédé que nous allons examiner.

Le volume total de l'air, ramené à la pression atmosphérique, qui est fourni par ces puissantes machines en vingt-quatre heures est de 95 à 100 mètres cubes pour chaque haut-fourneau.

APPAREILS A AIR CHAUD.— A sa sortie du réservoir où le refoulent les machines, l'air passe, avant de se rendre aux tuyères, dans des appareils spéciaux destinés à le chauffer à la température de 350°.

Ce chauffage ne coûte absolument rien ; en effet, au sommet de chaque haut fourneau existe une prise de gaz combustible composé en grande partie d'oxyde de carbone (30 0/0 environ) résultant des combinaisons successives de l'air avec les matières traitées.

Société Métallurgique du Périgord.

Machines soufflantes des Usines de Fumel.

Ce gaz descend par de larges tuyaux de tôle dans deux systèmes de conduits en briques où il s'enflamme en développant une chaleur intense. Lorsque les conduits de l'un des systèmes ont gagné une chaleur suffisante, on ferme la communication avec le haut fourneau et l'on fait arriver le gaz dans les conduits du second système. L'air destiné aux tuyères passe tour à tour par ces conduits à mesure qu'ils atteignent la température nécessaire, de telle manière qu'il y a toujours une partie des appareils qui chauffe, pendant que l'autre livre passage à l'air.

Ces appareils, au nombre de quatre par haut fourneau, développent une surface de chauffe de 500 mètres carrés: la température produite par la combustion du gaz est de 1,200 degrés.

CHAUDIÈRES. — Le chauffage de l'air n'est pas le seul emploi du gaz combustible du haut fourneau. Ce gaz est également utilisé pour le chauffage des générateurs destinés à fournir la vapeur aux machines soufflantes.

Ces chaudières sont au nombre de dix, et présentent une surface de chauffe de 250 mètres carrés.

S'il fallait produire la vapeur avec de la houille, ce serait une dépense minima de 200 tonnes de combustible par mois, soit environ 4,500 francs. Cette dépense est évitée en conduisant à l'intérieur de ces chaudières, au moyen d'une disposition spéciale, le gaz combustible, que l'on enflamme préalablement et qui atteint la température de 1,200 degrés.

On voit toute l'importance que prend, dans un haut fourneau bien aménagé, l'emploi du gaz combustible : à Fumel, ce gaz sert non seulement à chauffer l'air et les générateurs, mais il reste encore un excédent suffisant pour le chauffage des générateurs de machines accessoires représentant vingt chevaux de force, et le séchage d'une partie des moules de la fonderie.

PATOUILLET. — A côté du haut-fourneau, fonctionne, annexe obligée, le patouillet: on appelle ainsi l'appareil de lavage des minerais.

Les minerais, ceux du pays principalement, arrivent chargés de terre : dans la livraison, le vendeur fournit toujours 10 0/0 en plus du poids payé pour parer à cet inconvénient, mais il serait nuisible d'introduire dans le haut fourneau cette masse d'impuretés ; au lavage le minerai s'en débarrasse, et les boues, emportées par un courant d'eau rapide, vont se perdre dans le Lot.

DÉCRASSAGE.—Nous avons expliqué au lecteur la formation de la fonte et du laitier ; le laitier est le résidu de toutes les matières introduites dans le haut fourneau déduction faite du fer, du carbone et d'une petite partie de silicium qui reste combinée avec la fonte. Ce résidu se présente sous forme de silicates fusibles, qui surnagent au-dessus de la fonte et s'écoulent par une ouverture pratiquée à une hauteur convenable dans l'ouvrage.

Ce laitier n'a pas trouvé jusqu'à ce jour d'emploi bien courant dans l'industrie.

On a tenté de le mélanger avec de la chaux pour en faire des agglomérés, et la Société métallurgique du Périgord a fait quelques essais assez concluants dans ce sens; mais, en général, c'est un embarras, et pour apprécier l'importance de la question, il suffit de savoir que chaque haut fourneau, à Fumel, produit par jour jusqu'à 60 mètres cubes de laitier, soit une véritable montagne au bout d'une année. Pour procurer à ces laitier un écoulement rapide on a imaginé de diriger sur eux, au moment où ils sortent à l'état liquide du haut fourneau, un violent courant d'eau froide.

Cette eau désagrège le laitier, le réduit en gravier, et l'entraîne dans son cours jusqu'au Lot.

Rien de plus curieux, surtout la nuit, que ce véritable fleuve de feu.

SECTION II

Fonderie.

Pénétrons maintenant dans les ateliers où la fonte est employée au moulage.

Le modèle des pièces à mouler, qu'il soit en plâtre, en bronze ou plus généralement en bois, est déposé dans le sable;

il y laisse son empreinte exacte que vient ensuite remplir la fonte en fusion, après étuvage préalable du moule.

Fort simple à décrire et à concevoir, cette opération est extrèmement délicate dans la pratique et demande des artisans habiles et expérimentés.

Il faut d'abord établir le modèle sur les dessins fournis par le constructeur: ce modèle ne saurait être tout d'une pièce, il ne serait pas maniable et, dans la plupart des cas, il serait même impossible de le mouler. Il faut donc le décomposer en plusieurs parties, et c'est une tâche délicate.

En second lieu, il faut préparer le sable avec des soins infinis, si l'on veut obtenir des produits convenables.

Ce sable est broyé dans des appareils spéciaux, réduit en poussière impalpable, et mélangé avec de la poussière de charbon.

Une fois mouillé, ce mélange offre une plasticité telle que les objets y laissent leurs reliefs les plus délicats.

La sablerie occupe dans les fonderies une place considérable et elle sollicite constamment l'œil du maître.

Celle de Fumel est parfaitement installée, et tout le travail s'exécute mécaniquement au moyen de broyeurs mélangeurs perfectionnés du système Hanctin.

La fonderie proprement dite est une halle immense d'où sortent chaque jour des pièces de toute espèce : la variété en est infinie et au-dessus de toute énumération : colonnes de toutes dimensions, coussinets de chemins de fer, plaques tournantes, bâtis de machines, etc., etc.

Le travail de cet atelier est presque un travail d'art : la main de l'ouvrier y joue le plus grand rôle.

En effet, le modèle doit laisser dans le sable son empreinte complète et régulière ; il faut l'enlever ensuite et réparer à la main, avec des outils spéciaux, les légers dégâts que cause toujours cet enlèvement. Ici pas d'outillage mécanique, des grues seulement pour manier les lourds châssis et enlever les pièces coulées et refroidies.

Plusieurs cubilots pour la seconde fusion et des étuves pour sécher les moules de sable, complètent l'outillage.

En général, le sable, avant de recevoir l'empreinte du modèle, est battu et foulé dans des châssis en fonte ; la plupart des pièces, une colonne, par exemple, nécessitent deux châssis ; la superposition des deux châssis, représentant chacun une moitié de la colonne coupée suivant son axe, reproduira la colonne complète, et la fonte viendra remplir le vide laissé par le modèle, au moyen d'un trou ménagé dans le sable.

Si la colonne est creuse, elle nécessitera l'emploi d'un noyau, c'est-à-dire d'une pièce destinée à produire un vide dans le moulage.

Tel est le procédé général du moulage, et l'habileté du fondeur consiste à appliquer ce procédé aux pièces les plus variées dans leur forme ; les modèles qui servent à couler une pièce, compliqués des noyaux qui servent à obtenir les vides, forment souvent de véritables casse-tête chinois dans lesquels l'œil exercé du fondeur peut seul se reconnaître.

La fonderie de Fumel est connue partout : c'est de Fumel que sortent tous les gros moulages d'architecture employés dans le Sud-Ouest et une grande partie de ceux du Centre, pour les casernes, les halles, les arsenaux. Nous ne parlons pas des moulages courants destinés à la clientèle et dont la variété est infinie.

Le plus gros tonnage est fourni par les coussinets de chemins de fer.

On dénomme ainsi la pièce de fonte destinée à être fixée sur la traverse pour recevoir et maintenir le rail. La demande de ce produit est presque illimitée ; pour sa part, l'usine de Fumel en livre bon an, mal an, 10,000 tonnes.

Sur une voie double, il faut quatre coussinets, par mètre courant, leur poids est à peu près de 10 kilogrammes : c'est donc 40 tonnes par kilomètre de voie.

Nous laissons au lecteur à juger des quantités considérables qui entrent dans la construction et l'entretien d'un réseau de quelque importance.

Une halle spéciale est consacrée à cette fabrication de coussinets, dans laquelle les ouvriers ont acquis une telle habitude que c'est en se jouant et avec une rapidité vraiment prodigieuse qu'ils manient leurs modèles et leurs châssis.

Les fondeurs de Fumel avaient envoyé un véritable chef-d'œuvre à l'Exposition universelle de 1878.

Qu'on se figure un temple formé entièrement de tuyaux à brides boulonnés, affectant toutes les formes architecturales, les uns formant les colonnes, les autres formant le cintre; sous ce temple, une magnifique statue de la *Paix*, commandée spécialement à l'un de nos meilleurs artistes, M. Cambos, l'auteur de *la Femme adultère* et de *la Cigale*, et coulée en fonte à Fumel.

A l'abri de ce pavillon d'une élégance originale, et sous la protection symbolique de la Paix, se groupaient tous les spécimens de la fabrication de Fumel.

Une récompense de premier ordre a prouvé que cette exposition n'était pas restée inaperçue : c'est à cette occasion que l'honorable administrateur-délégué de la Société métallurgique du Périgord a reçu la croix de la Légion d'honneur, hautement méritée d'ailleurs par ses travaux antérieurs.

SECTION III

Tuyauterie.

Il existe un genre particulier de moulages, qui est l'objet d'une consommation considérable, qui se fabrique par conséquent par grandes quantités et à l'aide d'un outillage spécial; nous voulons parler des tuyaux pour la conduite des eaux et du gaz.

Ces pièces peuvent s'exécuter, comme les moulages ordinaires, dans toutes les fonderies ; mais pour les obtenir économiquement, on a imaginé tout un outillage fort coûteux, il est vrai, mais qui assure le monopole de la production aux grandes maisons qui ont pu faire les sacrifices nécessaires.

Ces tuyaux se fabriquent sur une trentaine de types, dont les longueurs, les diamètres, les épaisseurs et les poids sont uniformes pour toute la France et sont réglés sur les types de la ville de Paris.

On ne compte en France que cinq usines qui possèdent au complet la série de ces modèles, et Fumel est du nombre.

Le plus petit diamètre est de 40 millimètres et pèse 16 kilogrammes ; le plus grand atteint 1^m,10 et pèse 2,700 kilogrammes.

Les tuyaux le plus souvent demandés par les municipalités, pour leurs travaux d'adduction et de distribution d'eau, sont de la forme dite à emboîtement et cordon.

Chaque tuyau se compose d'une partie cylindrique de 3 à 4 mètres et se termine, d'un côté par un évasement très prononcé appelé tulipe ou emboîtement, et de l'autre par un léger boudin circulaire ou cordon.

Le cordon de chaque tuyau s'engage dans l'emboîtement de l'autre, et le vide est rempli avec de la corde goudronnée et du plomb coulé et matté ensuite à froid. Le plomb procure une étanchéité complète, et le cordon circulaire relie solidement les deux tuyaux.

Voici la description sommaire de cette fabrication :

Sous un immense hangar s'ouvrent des fosses rectangulaires ayant trois à quatre mètres de profondeur, selon la longueur des tuyaux à fabriquer. Dans ces fosses sont dressés des châssis en fonte, dont les dimensions varient avec la longueur et le diamètre des tuyaux ; ces châssis sont en deux parties parfaitement ajustées et reliées entre elles.

Suivons les diverses opérations de l'ouvrier.

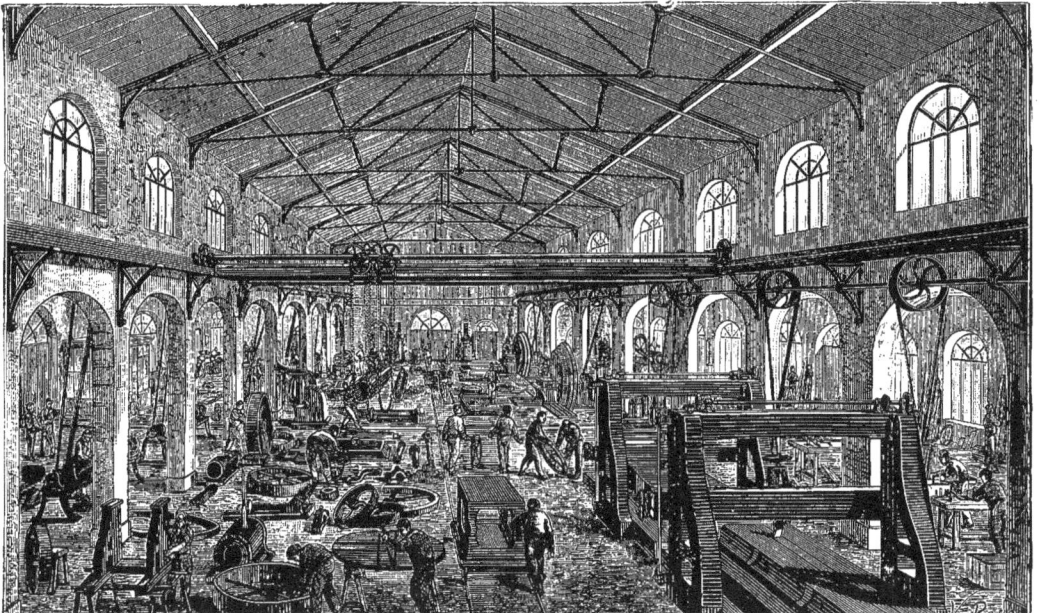

D'abord il descend le modèle placé dans un châssis, c'est-à-dire une pièce en fonte soigneusement ajustée représentant la forme exacte du tuyau à obtenir.

Entre les parois du châssis et ce modèle règne un vide qu'il comble avec du sable fortement pressé; il enlève ensuite le modèle, et il obtient ainsi une empreinte exacte de l'extérieur du tuyau.

Il faut sécher ce moule; pour cela, il existe au fond des fosses toute une installation qui permet de faire ce séchage, soit à l'aide de réchauds pleins de coke, soit à l'aide du gaz combustible du haut-fourneau.

Maintenant il reste à confectionner le noyau : l'ouvrier prend un cylindre de fer appelé *lanterne*, le place horizontalement sur un appareil destiné à lui donner un mouvement de rotation, et le revêt de tresses de foin et de sable, de manière à lui communiquer la forme d'un cylindre parfait représentant exactement le vide qui doit régner à l'intérieur du tuyau.

Le noyau ainsi obtenu, on le porte à l'étuve, on le sèche et on le descend avec précaution dans le moule déjà préparé. La fonte vient couler entre le moule et le noyau et, après son refroidissement, donne un tuyau complètement terminé.

Inutile d'ajouter que toutes les manœuvres se font au moyen de grues, dont l'une, à vapeur, peut enlever 15,000 kilogrammes; ce n'est pas trop assurément lorsqu'il s'agit de manier promptement les châssis, lanternes et modèles des gros tuyaux de 1^m,10 de diamètre.

L'installation de cet atelier est complétée par des cubilots pouvant donner 50 tonnes de fonte par jour; mais on emploie autant que possible à cette fabrication des fontes de première fusion.

Dans ce but, une galerie souterraine est établie entre le pied du haut-fourneau et la tuyauterie.

Une poche énorme remplie de fonte est portée par un chariot roulant sur rails; arrivée sous un regard, une grue puissante la saisit, la hisse à la hauteur du sol et la déverse dans les châssis préparés comme il vient d'être dit.

Nos lecteurs ne seront pas surpris d'apprendre que ces bâtiments, ces grues, ces étuves, cette masse de modèles, de châssis et de lanternes ajustées, dont il faut plusieurs jeux pour chaque diamètre, représentent une immobilisation de plus d'un million de francs.

Une fois le tuyau terminé, la grue l'enlève rouge encore; il faut l'ébarber, c'est-à-dire le débarrasser de tous les jets de fonte; il faut l'essayer, c'est-à-dire le soumettre à une pression de vingt atmosphères au moyen d'une presse hydraulique d'une installation spéciale, et finalement le goudronner, c'est-à-dire le plonger après réchauffage dans une cuve de goudron de houille ou coaltar, d'où il sort avec un brillant vernis, prêt à être livré au commerce.

L'usine de Fumel est en état de livrer au moins 600 tonnes de tuyaux par mois.

Sa clientèle s'étend de Paris à Barcelone et en Algérie.

A Paris, elle fait des fournitures constantes; elle a livré notamment, sous l'administration de M. Belgrand, une grande partie des tuyaux de 1m,10 destinés à la dérivation des eaux de la Vanne. A Barcelone et à Alger, elle a fait aussi des livraisons très importantes.

Elle est le fournisseur attitré des villes de Bordeaux, Orléans, Limoges, Agen, Rodez, etc., etc.

Ajoutons que la Société métallurgique du Périgord non seulement fabrique des tuyaux, mais en entreprend la pose. Elle traite avec les municipalités l'ensemble des travaux d'adduction et de distribution d'eaux. Ses ingénieurs mènent à bonne fin actuellement, à Dieppe, à Étampes et sur divers autres points, des travaux importants.

SECTION IV

Ateliers de construction.

Fumel n'est pas le domaine exclusif du fondeur ; le mécanicien et le constructeur y jouent un rôle et un rôle important.

Pénétrons dans les ateliers d'ajustage et de montage.

C'est une vaste nef, flanquée de deux annexes symétriques. Dans la nef sont les gros outils : rabotteuses, tours à fosse, machines radiales, à mortaiser, etc., etc.

A la hauteur convenable se trouve un chariot roulant, occupant toute la largeur de la nef et pouvant se déplacer d'un bout de l'atelier à l'autre ; ce chariot est armé d'un treuil puissant pour enlever et déplacer les plus lourdes pièces.

Les deux annexes sont occupées, l'une par les tourneurs et modeleurs, l'autre par les étaux des ajusteurs, par les forgerons et les petites machines-outils.

Cet outillage est complet pour tous les travaux d'ajustage de la fonte et du fer. On y construit des plaques tournantes de chemins de fer, des machines-outils, des broyeurs, des volants et des poulies, des transmissions pour usines, etc., etc.

Parmi les machines-outils qui fonctionnent dans cet atelier, le visiteur remarque une raboteuse à double effet automatique, de huit mètres de course, ayant trois mètres entre les deux bâtis, appareil vraiment gigantesque dans lequel le chariot porte-outil pèse six tonnes.

Cet atelier est toujours en pleine activité : il en sort constamment du matériel pour les compagnies de chemins de fer, et des outillages complets d'usine.

Lorsque la Société métallurgique du Périgord a voulu créer à Bordeaux une tréfilerie, c'est dans cet atelier qu'elle a construit tout son matériel.

Société Métallurgique du Périgord.

C'est un spectacle vraiment imposant que ce travail d'ajustage des métaux.

Voici par exemple une pièce de fonte qui sort brute de la fonderie : ce sera, si l'on veut, un cylindre de machine à vapeur.

Si soigné que soit le moulage, il est impossible d'obtenir une surface de fonte assez lisse pour que le piston de la machine à vapeur puisse glisser dans l'intérieur du cylindre ; il faut donc enlever les rugosités du moulage, et mettre à nu le métal poli et brillant.

S'agit-il d'un volant, fondu généralement en plusieurs pièces, il faut que les surfaces de contact des divers segments s'appliquent rigoureusement l'une sur l'autre ; toute rugosité de la fonte empêcherait ce résultat. Il faut aplanir ces surfaces, les raboter ; il faut également aléser le moyeu du volant, pour qu'il tourne sur son axe sans frottement. Enfin, il faut percer des trous pour les boulons qui doivent relier ensemble les diverses pièces.

Le travail emprunte une difficulté spéciale au poids des pièces à manier.

Nous avons vu, dans les ateliers de Fumel, ajuster des pièces qui ne pesaient pas moins de dix mille kilogrammes ; nous les avons vues circuler d'un bout à l'autre des ateliers, passant successivement devant les outils qui devaient les polir suivant des surfaces plates (rabotage), ou des surfaces de révolution (tournage et alésage). Nous avons vu le burin d'acier enlever d'abord des copeaux de fer aussi gros que ceux que le menuisier fait jaillir sous sa varlope, puis réduire son effort pour enlever la mince pellicule d'une fraction de millimètre, qui mettra la pièce au point définitif.

Autrefois ce travail immense aurait dû se faire à la main, avec la lime et le burin. Aussi ne se faisait-il point du tout : car on reculait devant la dépense de main-d'œuvre qu'auraient nécessité de pareilles manœuvres et de pareils ajustages. C'est la gloire de la mécanique moderne d'avoir créé cette série d'engins puissants, en fer et en acier, qui économisent le temps et les salaires, et qui ne demandent à l'ouvrier qu'un intelligent travail de direction et de surveillance.

C'est dans ces ateliers d'ajustage qu'on se rend compte des conséquences morales et économiques de la machine-outil, remplaçant la main de l'homme.

On n'y voit pas d'ouvriers s'épuisant des journées entières sur un métal ingrat, à l'aide du marteau et de la lime, pour n'obtenir qu'un résultat presque dérisoire.

Cette inutile et navrante déperdition de force n'a plus lieu.

L'ouvrier n'a qu'à régler sa machine, à lui tracer sa tâche et surveiller l'exécution; son intelligence seule travaille et s'exerce sur toutes les dispositions à donner à son outil pour en tirer l'effet le plus prompt et le plus sûr. Et ce n'est point là un travail de manœuvre; entre un tourneur habile, par exemple, et un tourneur novice se servant de la même machine-outil, il n'y a point de comparaison à établir au point de vue de la qualité et de la quantité du travail produit.

Exiger davantage de l'intelligence et moins des muscles : tel est le caractère de l'outillage mécanique.

Les conséquences économiques ne sont pas moins saisissantes.

La difficulté que présentait jadis le travail d'ajustage de ces rudes métaux en rendait l'emploi fort coûteux et par conséquent fort rare.

Un fou seul aurait songé, il y a un siècle, à faire un pont métallique, à construire un navire en fer : aujourd'hui ce sont là des opérations courantes.

Au lieu de mille ouvriers réduits à leurs bras et à quelques outils grossiers, pour produire un travail déterminé à des conditions de prix exorbitantes, dix ouvriers dirigeant des machines-outils produiront le même travail à un prix cent fois moindre. La conséquence est facile à saisir : la consommation s'accroît sans cesse, le besoin d'ouvriers est toujours plus considérable, la main-d'œuvre se raréfie et le salaire augmente.

Le bien-être général bénéficie de toute cette production à laquelle il ne fallait point songer jadis.

Les chemins de fer n'auraient jamais été qu'une curiosité luxueuse, sans les progrès de la construction métallique. Qu'on juge, dès lors, de quel puissant instrument était privée la civilisation contemporaine ?

On peut faire le tour des immenses ateliers de Fum l, le jour ou la nuit, au choix du visiteur, car, grâce à de puissants appareils d'éclairage électrique, système Gramme, il y règne constamment une lumière abondante. Remarquons, en passant, que l'usine de Fumel est une des premières qui aient adopté ce nouveauté procédé d'éclairage.

———

Nous ne quitterons point l'usine sans avoir visité la Briqueterie réfractaire où sont moulées et cuites toutes les briques nécessaires à la construction et à la réparation du haut-fourneau et des cubilots.

Ces briques, sans cesse exposées à des températures qui s'élèvent jusqu'à 1,500 degrés, doivent être fabriquées avec un mélange de sable et d'argile spécial. La brique d'argile ordinaire, qui renferme des oxydes métalliques, se décomposerait trop vite. L'excellence des produits réfractaires obtenus à Fumel les fait rechercher par toutes les forges du Sud-Ouest.

———

L'ensemble des usines de Fumel occupe environ six cents ouvriers et la force mécanique développée est de 400 chevaux-vapeur, abstraction faite de la force hydraulique.

SECTION V

Résumé.

L'usine de Fumel est le type complet de l'industrie de la fonte : elle la produit et l'emploie en moulages bruts ou ajustés. Elle reçoit du combustible et des minerais : elle rend des pièces terminées, prêtes à être mises en œuvre.

Ces combustibles et ces minerais, cassés, triés et lavés, passent dans les hauts-fourneaux, s'y combinent, et en sortent sous forme de fonte liquide, qui va dans les ateliers de la fonderie, se façonner en moulages.

Ces moulages sont ébarbés, nettoyés, ajustés s'il y a lieu, puis livrés au commerce.

La série des transformations est donc complète.

Un grand nombre d'établissements se bornent à la production de la fonte brute, dont ils ont ensuite à chercher l'écoulement chez les fondeurs. Mais que la fonte anglaise vienne à baisser et encombre le marché, il leur faut entasser leur production s'ils ne veulent pas l'écouler à vil prix.

D'autres usines se bornent au moulage et achètent la fonte. Qu'il survienne une hausse générale de la fonte brute : les établissements sont à la merci du haut-fourneau qui leur enlève toute chance de bénéfices par ses prétentions à des prix exagérés.

L'établissement de Fumel est à l'abri de ces deux dangers : appuyé sur des marchés de combustible et de minerais, de longue durée, il est assuré d'un prix de revient constant pour la fonte qu'il produit lui-même; d'autre part, l'écoulement de cette fonte est certain pour lui, puisqu'il en a l'emploi sous forme de produits spéciaux.

Il ne craint donc pas la baisse, et la hausse lui réserve des bénéfices importants qu'il ne partage avec personne.

Sa situation géographique est telle, d'ailleurs, qu'il ne redoute aucune concurrence sérieuse sur tout le marché compris entre la Garonne et les Pyrénées et même entre la Loire et la Garonne, où il dispose d'une sérieuse clientèle.

Bordeaux, Cette et Perpignan sont ses marchés pour l'exportation.

Il ne se passe pas une année sans que Fumel envoie en Amérique ou en Espagne un millier de tonnes de fontes moulées.

On conçoit que ce n'est pas sans une immobilisation énorme de capitaux que se créent de pareils ensembles. Comme valeur purement immobilière, ces usines représentent environ deux millions, mais, en tant que valeur industrielle, les devanciers de la Société métallurgique du Périgord ont affecté à l'établissement de l'usine Fumel plus du double de cette somme.

Et dans ce chiffre de deux millions ne sont compris : ni l'outillage proprement dit, ni l'approvisionnement en minerais, combustibles, etc., ni le stock de marchandises qui doit être fabriqué à l'avance. Dans ce chiffre n'est pas comprise non plus : la valeur de la chute d'eau que possède la Société, force toute gratuite pouvant donner une moyenne de 400 chevaux de force.

Pour produire, avec de la vapeur, une force équivalente, il faudrait une consommation minima de 4,000 tonnes de houille par an, soit une dépense de 100,000 francs !

Cette force la Société la réserve pour l'exécution de projets futurs arrêtés déjà en principe.

Un danger permanent menace les établissements similaires de Fumel : l'épuisement des minerais ou des houilles dont la proximité a motivé l'installation.

Ce danger n'existe pas pour Fumel.

Les houilles lui arrivent a'Angleterre, par Bordeaux, et les bassins de Carmeaux et de l'Aveyron se disputent sa clientèle. Quant aux minerais, leur extraction n'est pas limitée à une ou deux concessions, c'est tout le pays environnant qui les produit en abondance ; ils sont inépuisables.

Sûre de ses approvisionnements, certaine de l'écoulement de ses produits et d'un écoulement que les plus mauvais jours de l'industrie métallurgique ont laissé rémunérateur, l'usine de Fumel a devant elle de longues années de prospérité. Quelles que soient les révolutions de l'industrie métallurgique, c'est toujours en mettant en œuvre du combustible, du minerai et de la force motrice qu'on obtiendra des produits ; à ce triple point de vue, l'usine de Fumel n'a rien à désirer.

CHAPITRE III

Bordeaux. — Fours à coke.

Le voyageur qui arrive à Bordeaux par la ligne d'Orléans aperçoit, au sortir du tunnel de Lormont, entre la voie ferrée et la Garonne, un massif cubique de maçonnerie de brique,

Société Métallurgique du Périgord.

Fours à coke et fonderie de Bordeaux-La Bastide.

surmonté d'une énorme cheminée qui vomit constamment des flots de fumée noire mêlée de flammes.

C'est l'établissement dans lequel la Société Métallurgique du Périgord fabrique le coke nécessaire à l'alimentation des hauts-fourneaux de Fumel. La situation topographique de cette nouvelle usine est comparable à celle de Fumel.

Établie sur un terrain de plus de cinq hectares, elle est riveraine de la Garonne, et accessible par là, au moyen d'une estacade, aux steamers qui apportent la houille et le minerai; en outre, elle est à proximité de la ligne d'Orléans à laquelle la relie un embranchement.

Ces vastes terrains, à la porte de Bordeaux, ont, pour la Société du Périgord une destination d'avenir : elle s'est bornée à y installer des fours à coke, mais, les années prospères aidant, elle espère bien les couvrir un jour d'usines, qui seront les plus importantes de la contrée.

Assurément, des hauts-fourneaux et une aciérie ont là leur place toute marquée et l'on peut considérer les deux grandes Compagnies du Midi et d'Orléans comme leurs clientes assurées.

La grande métallurgie n'est possible que dans les ports de mer, c'est un principe qui tend à s'imposer tous les jours. Mais pour l'y installer il faut des millions. La Société métallurgique de Périgord est jeune encore, elle n'est point téméraire; elle aposé des jalons pour l'avenir, elle s'en tient là pour le moment

En outre de ses fours à coke elle n'a édifié, sur cette propriété, qu'un modeste établissement de fonderie pour servir exclusivement sa clientèle bordelaise.

Cette fonderie livre par jour 3,000 kilogrammes de moulages courants.

Elle emploie des fontes anglaises qui reviennent à bon compte à Bordeaux et tire les cokes de ses propres fours.

Cette fonderie est le germe d'un établissement qui peut devenir aussi considérable que celui de Fumel.

Société Métallurgique du Périgord.

Le public ne connaît généralement, comme résidu de la distillation de la houille, que le coke employé au chauffage domestique.

Le coke destiné à la métallurgie demande d'autres qualités : il doit être obtenu en fragments beaucoup plus gros, afin de mieux résister au choc de l'air des tuyères ; il doit contenir peu de principes sulfureux qui nuiraient à la qualité de la fonte et du fer.

Enfin la houille destinée à le produire ne doit contenir, à l'inverse des houilles à gaz, que le moins possible de principes volatils qui constituent un déchet sans compensation.

On peut se demander pourquoi la houille n'est pas jetée directement dans le haut-fourneau? Quelle nécessité y a-t-il de la transformer en coke avec un déchet qui n'est jamais inférieur à 25 0/0?

La raison en est que la houille est loin d'être du carbone pur. En l'introduisant telle quelle dans le haut fourneau, on y introduirait quantité d'éléments nuisibles à la qualité du produit à obtenir, sans rien gagner en chaleur. L'idéal pour le métallurgiste consisterait à introduire dans le haut fourneau du carbone pur : il n'y faut point songer, mais enfin on doit se rapprocher de ce but autant que possible. La transformation de la houille en coke a donc pour but de débarrasser la houille de tous les éléments autres que le carbone : cette opération prend le nom de carbonisation. Le coke est théoriquement du carbone pur ; en réalité il contient un minimum de 5 à 6 0/0 de cendres, c'est-à-dire de matières étrangères impropres à alimenter la combustion ; cette proportion, s'élève parfois jusqu'à 14 et 15 0/0 lorsque l'on traite des houilles médiocres. Il contient également une assez forte proportion d'eau comme nous allons le voir.

Les houilles françaises sont généralement moins propres à la fabrication du coke que les houilles anglaises : elles nécessitent un lavage préalable, toujours coûteux, et qui entraîne un déchet considérable. Les houilles anglaises au contraire, sont très pures, elles peuvent être carbonisées directement sans lavage ; aussi donnent-elles un coke très estimé. C'est en raison de cette supériorité que la Société métallurgique du Périgord a installé à Bordeaux ses fours à coke. Les charbons anglais de Newcastle et de Cardiff lui arrivent par navires de 1,000 tonnes à pied d'œuvre, puisque sa propriété est riveraine de la Garonne.

En exagérant légèrement les faits, on pourrait dire que l'ouvrier prend la houille dans la cale du navire pour la jeter dans les fours à coke.

Les fours à coke de Bordeaux se composent d'abord d'un massif de 830 mètres carrés sur $2^m,40$ de hauteur solidement assis sur des fondations en béton. Sur ce massif s'en élève un second de 22 mètres de longueur sur 10 de largeur et $2^m,40$ de hauteur. Le second massif est disposé sur le premier de manière à réserver de chaque côté dans le sens de la longueur une plate-forme large de 10 mètres. C'est dans ce second massif que sont ménagés les vingt fours à coke système Coppée. Ces fours, de forme prismatique rectangulaire, ont deux portes et occupent toute la largeur du massif. Ils sont munis d'ouvertures à la partie supérieure pour le chargement. Le charbon est élevé par un monte-charge à la hauteur nécessaire, de là il roule dans des wagonnets sur toute la plate forme supérieure de la construction pour desservir toutes les ouvertures de chargement.

Chaque four reçoit par vingt-quatre heures environ 3,200 kilogrammes de houille. En vingt-quatre heures la cuisson est terminée et on procède au défournement.

Une machine appelée défourneuse se meut parallèlement aux fours, sur des rails posés sur la marge réservée entre le massif inférieur et le massif supérieur : elle se compose d'un moteur actionnant une longue crémaillère terminée par un bouclier en tôle. On ouvre la porte du four, la crémaillère s'avance, le bouclier refoule le gateau de coke qui sort par la porte opposée du four.

Ce coke est incandescent, on l'inonde d'eau à l'aide de

lances, et il se divise spontanément en fragments de grosseur variable. En cet état, il ne reste plus qu'à le transborder
dans les wagons de la Compagnie d'Orléans dont la partie
supérieure vient affleurer la plate-forme où se fait l'extinction.

Rien de plus simple, rien de plus économique.

Chaque four produit environ 2,400 kilogrammes de coke par
24 heures, c'est un total de 48 tonnes par jour pour la batterie
entière.

Descendons maintenant des fours à coke jusqu'au fleuve,
en admirant le magnifique établissement de la Société Générale des grandes Tuileries mécaniques qui se trouve vis-à-vis.
Arrivés sur le port, nous aurons sans doute l'occasion de voir
décharger un navire charbonnier de Newcastle ou de Cardiff
destiné à l'alimentation des fours à coke. Ces charbons subissent un triage : la partie la plus menue est dirigée sur les
fours, et le reste est envoyé aux diverses usines de la Société
pour le service des générateurs et des fours à puddler.

Interrogeons les agents de la Société, ils nous révèleront
bien des choses intéressantes au point de vue des transports maritimes. Ils nous apprendront que la Société Métallurgique du Périgord reçoit mensuellement à Bordeaux trois
mille tonnes de houille et mille tonnes de minerais d'Espagne
ou d'Afrique ; ils nous diront que ce chiffre doit être doublé
sous peu, et nous nous expliquerons alors l'intérêt que trouve
l'industrie du fer à se placer dans les ports dont ils font la vie
et la prospérité. Quel avantage immense que de transformer
sur place cette matière première au lieu de l'emporter dans les
terres avec des transports onéreux !

On a objecté qu'il est dangereux pour une usine d'attendre
tous ses approvisionnements de l'étranger, qu'on subit ainsi
toutes les fluctuations des cours, et que dans les époques de
hausse ces approvisionnements deviennent aléatoires et onéreux. Soit, mais ces époques de hausse sont-elles l'état normal ?
Sur dix années on en compte une à peine pendant laquelle
l'étranger élève des prétentions exorbitantes, mais cette même

8

année le prix de la matière fabriquée s'élèvera lui-même à un taux assez élevé pour rétablir l'équilibre. Les installations faites en vue des époques normales sont les seules raisonnables. Pendant ces époques, les houilles anglaises et les minerais étrangers viennent à l'envi s'offrir au travail français.

CHAPITRE IV

Usines de Bacalan.

Traversons maintenant la Garonne sur l'une de ces embarcations à vapeur si populaires et si commodes à Bordeaux ; abordons auprès des nouveaux bassins à flot ; de là, en dix minutes de marche le long du fleuve nous arriverons à la forge de Bacalan, construction vaste et imposante dont la laborieuse activité est signalée de loin aux visiteurs par des cheminées toujours empanachées de vapeur et de fumée.

La situation de cet établissement est éminemment favorable : il est riverain de la Garonne, une estacade de près de cent mètres de longueur le reliera au lit profond du fleuve le jour très prochain où sera arrêté définitivement le tracé de la risberne qui doit rétrécir le port à cet endroit. Actuellement, cette estacade se développe sur quatre-vingts mètres, ce qui ne permet de recevoir les approvisionnements qu'à la marée haute, mais cette situation n'est que transitoire.

C'est par eau que la forge reçoit ses gros approvisionnements en houilles et fontes. Les charbons de bois lui arrivent des Landes et du Médoc à des prix très modérés, et par voie de terre.

Pénétrons dans la forge : nous y serons d'abord aveuglés par l'éclat des fours, par la vapeur, et étourdis par le bruit des machines : prenons donc un guide qui nous dirigera à travers ce véritable enfer.

Le travail, dans cette usine, peut se diviser en trois groupes que nous étudierons successivement :

Vue à vol d'oiseau de l'usine de Bordeaux-Bacalan.

1º Transformation de la fonte et de la ferraille en loupes de fer brut ;

2º Réchauffage et laminage de ce fer brut ;

3º Finissage des produits, tréfilerie et pointerie.

Nous jetterons ensuite un coup d'œil sur la théorie générale du travail et sur la solidarité qui relie ces diverses opérations.

SECTION I

Affinage et Puddlage.

La transformation de la fonte et de la ferraille en fer se pratique par deux procédés : l'affinage et le puddlage.

Nous avons exposé au début de cette notice la théorie de l'affinage.

On affine à Bacalan au bas foyer, dit foyer comtois. L'appareil est extrèmement simple, c'est un four carré en briques réfractaires dont la sole est au niveau de l'atelier ; il est muni sur le devant d'une large plaque de fonte sur laquelle l'ouvrier trouve un point d'appui pour le maniement du ringard. Une tuyère y chasse de l'air, et une ouverture est ménagée pour l'écoulement des scories. Les flammes perdues passent dans un conduit, vont chauffer l'eau d'un générateur placé au-dessus du four, et contribuent ainsi à la production de la vapeur qui sert de force motrice pour tout l'atelier.

Le forgeron allume un feu de charbon de bois : il place ensuite sur la masse incandescente une charge de fonte et de ferraille en proportion variable suivant la qualité du fer à obtenir.

La charge totale varie de 75 à 100 kilogrammes ; la durée de l'opération dépend de la proportion de ferrailles : plus cette proportion est grande, plus l'opération est courte. En marche normale, c'est-à-dire avec 25 0/0 de ferraille et 75 0/0 de fonte, la durée de l'opération est de deux heures et demie.

La loupe de fer une fois formée est retirée du feu, placée sur un chariot de tôle et portée sous un pilon à vapeur qui la martèle, en fait sortir ce qu'elle contient encore de scories et lui donne une forme à peu près rectangulaire.

Sans laisser refroidir la masse on la porte à un laminoir appelé dégrossisseur. Ce laminoir se compose de deux cylindres tournant l'un sur l'autre avec une vitesse très modérée : dans ces cylindres sont ménagées des rainures dont la largeur et la profondeur vont en décroissant. La masse passe successivement entre les cannelures des cylindres, s'allonge et finalement se change en une barre de fer à section carrée de quatre à cinq centimètres de côté.

En cet état, le fer prend le nom de billettes ou massiaux. On le laisse refroidir, puis on le porte sous la cisaille qui le divise en morceaux de poids variable, mais généralement de cinq à dix kilogrammes. Le cisaillage à froid permet aux praticiens expérimentés de juger la qualité du fer à l'aspect de la cassure : le cisaillage à chaud exige moins de force mais ne fournit pas la même source d'appréciations.

Les fontes traitées à Bacalan sont d'excellente qualité ; elles proviennent des hauts-fourneaux des Landes où se conserve encore l'antique industrie de la fonte au bois, nécessaire d'ailleurs dans ces régions pour utiliser les charbons de bois de pin, unique production des dunes sablonneuses qui bordent l'Océan. L'Ariège apporte également son contingent, et ses minerais incomparables lui permettent de rivaliser avec les fontes des Landes.

On obtient ainsi des fers d'une qualité supérieure, tels qu'il les faut pour la fabrication des fils de fer fins qui font la réputation de la Société métallurgique du Périgord.

La forge de Bacalan possède quatre feux d'affinerie pouvant produire 4,000 kilogrammes de billettes par vingt-quatre heures.

Cette fabrication du fer affiné est forcément limitée : les produits sont coûteux et ne sont demandés que par des industries spéciales auxquelles des fers irréprochables sont nécessaires.

On se rend compte de l'élévation du prix de revient en réfléchissant que les meilleures fontes donnent, au bas foyer, un déchet de 20 0/0, et qu'il ne faut pas moins de 4 mètres cubes de charbon pour affiner 1,000 kilogrammes de fonte.

* * *

Passons maintenant du côté des puddleurs.

Le genre de travail est ici tout différent, aussi bien que les matières employées. La fonte est toujours l'élément indispensable, mais le charbon de bois fait place à la houille. Ce combustible impur ne pouvant être mis en contact avec le métal à transformer, le four à puddler est conçu sur un tout autre plan que le four d'affinage.

Le four à puddler se présente sous l'aspect d'un massif cubique oblong, bâti en briques, que maintiennent de solides armatures métalliques. La houille se charge par une porte située à l'extrémité du massif, sa combustion s'effectue sans soufflerie, par le seul effet d'un tirage énergique exercé par une cheminée convenablement disposée. La chaleur dégagée par cette combustion se développe dans un four à réverbère où s'introduisent, par une ouverture spéciale ménagée dans le grand côté du massif, les charges de fonte. C'est dans ce four que s'exercent les réactions chimiques dont nous avons donné plus haut la théorie sommaire. Le puddleur surveille l'opération, et il faut un œil vraiment aguerri pour discerner quelque chose de précis dans la fournaise où bouillonne le métal.

Lorsqu'il juge le moment arrivé, il saisit un ringard, rassemble le métal réduit à l'état pâteux et en forme des boules : pour lui c'est le moment du travail pénible. Le visage en feu, inondé de sueur, il faut qu'il manie devant un foyer, porté à une température de 1,800 degrés, des masses de fer pesant plus de 100 kilogrammes.

Des hommes d'une vigueur exceptionnelle peuvent seuls

exercer cette redoutable et difficile profession; aussi les salaires sont-ils généralement élevés.

Les boules formées ainsi sont soumises aux mêmes opérations mécaniques que les loupes du feu d'affinerie. Elles sont
pilonnées, dégrossies et finalement cisaillées.

Les charges introduites dans le four à puddler sont généralement de 220 kilogrammes, et l'opération dure de 1 heure
1/2 à 2 heures, selon la qualité des fontes. La production
moyenne d'un four à puddler est donc de 3,000 kilogrammes
par vingt-quatre heures.

Ajoutons, pour compléter cette description, que le calorique
dégagé par la houille est amené, après avoir chauffé le four
à réverbère, sous des chaudières servant de générateurs. La
houille consommée sert donc à deux fins, elle dénature la
fonte et elle produit la vapeur qui alimente la force motrice
de l'usine.

La même disposition est appliquée aux fours d'affinerie; mais
les résultats produits par les fours à puddler sont bien supérieurs, par suite de la plus grande quantité de combustible
consommé.

La production d'un four à puddler, en marche normale, étant
de 3,000 kilogrammes de fer, on peut admettre qu'en moyenne
chaque four à puddler consomme de 2,000 à 3,300 kilogrammes de houille, suivant la nature des fontes.

C'est un chiffre fort respectable; aussi les chaudières
adjointes aux fours à puddler, lorsqu'elles sont d'un bon système et bien établies, produisent-elles jusqu'à vingt-cinq chevaux-vapeur, tandis que celles des feux d'affinerie en donnent
de six à huit.

La qualité du fer, obtenu à Bacalan par le puddlage, est
excellente tout en restant inférieure à celle des fers au bois.
Cette qualité dépend naturellement des fontes qui composent les
charges, et de la pureté des houilles, mais la Société du Périgord, qui met la qualité au-dessus de tout et qui s'en trouve

d'ailleurs fort bien, ne traile que des fontes de choix et n'emploie que des charbons anglais.

L'usine de Bacalan possède cinq fours à puddler et en comptera six prochainement.

Le déchet au four à puddler est bien moindre qu'au four d'affinerie ; il est d'environ 10 0/0.

Pour le diminuer, on introduit dans les charges une certaine proportion de scories de feux d'affinerie, riches en métal qui entrent en fusion et contribuent à la formation des boules.

Telle est la description sommaire du puddlage, qui est aujourd'hui le véritable procédé industriel de fabrication du fer. Seul il permet la production à bon marché qui sollicite la consommation ; conduit convenablement il donne des produits très suffisants pour les emplois ordinaires, et principalement pour les gros fers. Il est, d'ailleurs, l'objet d'études et de perfectionnements incessants. L'objectif principal des inventeurs est d'y supprimer le rôle de l'homme et d'en faire une opération purement mécanique ; il est permis d'espérer que ces tentatives aboutiront à des applications industrielles, et la Société métallurgique du Périgord ne sera pas la dernière à appliquer le perfectionnement.

Un troisième procédé pour la fabrication du fer, procédé mis en pratique dans toutes les forges importantes, est également appliqué à Bacalan.

A vrai dire, ce n'est pas un procédé de fabrication ; il consiste à réunir des ferrailles en paquets maintenus par une enveloppe de vieille tôle. Ces paquets sont réchauffés à blanc et portés au laminoir.

On obtient, par ce procédé, des fers excellents, si les paquets ont été judicieusement composés. Cette composition est un art véritable et exige des ouvriers spéciaux et expérimentés. Le déchet est considérable, surtout lorsque l'on traite des ferrailles menues et fortement oxydées.

SECTION II

Laminage.

Les billettes ont été obtenues, mais elles ne constituent encore que le produit brut; il reste à leur donner la forme définitive qui règlera leur emploi dans le commerce. Elles retiennent d'ailleurs une notable proportion de scories et d'impuretés dont le pilonnage ne les a pas débarrassées entièrement.

Pour les purifier et leur donner la forme voulue, on se sert de fours à réchauffer et de laminoirs.

Les billettes sont portées au four à réchauffer par charge de 250 à 300 kilogrammes. En 30 à 35 minutes, elles sont à la température convenable. Attendre plus longtemps serait provoquer des déchets coûteux. A proximité, est le laminoir. Ses cylindres portent des cannelures multiples et tourne avec une vitesse qui atteint, pour les petits fers, quatre cents tours à la minute.

La billette blanche arrive, passe entre les premières cannelures, est reçue par un ouvrier armé de tenailles qui l'introduit dans les cannelures suivantes; elle s'allonge tout en modifiant sa section suivant le profil à obtenir définitivement, elle sort du laminoir encore rouge, et sous forme de fer plat, rond, carré, etc. Mais elle n'a pas parcouru la série des cannelures qu'une autre la suit déjà, et ainsi de suite jusqu'à ce que la charge entière ait passé.

Le caractère de cette opération est la célérité.

Les laminoirs de Bacalan se composent d'une machine à vapeur verticale de cent cinquante chevaux, à détente et à condensation : de chaque côté de cette machine s'alignent deux trains de laminoirs. L'un de ces trains est formé de sept cages contenant chacune des cylindres cannelés ; il est spécialement destiné à la fabrication des petits fers ronds pour la tréfilérie.

Ces fers appelés communément *machine*, ont un diamètre de 4 à 5 millimètres ; ce train prend le nom de train-machine ou *petit-mill*.

L'autre train est composé de cinq cages. Il est destiné à la fabrication des fers pour la serrurerie, fers plats, carrés ou ronds. A Bacalan, il fabrique spécialement des feuillards pour la tonnellerie, article de grande consommation à Bordeaux.

Ces deux trains peuvent être conduits par la machine de cent cinquante chevaux séparément ou simultanément, et chacun est desservi par un four à réchauffer spécial. Roulant constamment et lancés à toute vitesse, ils peuvent produire près de trente tonnes de fer fini par jour.

Pour leur préparer l'ouvrage, on a placé en avant de chacun de ces deux grands trains finisseurs, un petit train ébaucheur appelé train d'aisance et animé d'une vitesse moindre. C'est entre les cylindres du train d'aisance que passe d'abord la billette avant d'aborder les cylindres qui font quatre cents tours à la minute, vitesse formidable qui rendrait le laminage extrêmement dangereux avec des pièces qui n'auraient pas été préalablement dégrossies.

Le travail du train-machine est assurément l'un des plus curieux qui se puissent voir.

En quelques secondes, la billette doit s'allonger dans la proportion de un à soixante-dix, et même cent, suivant le diamètre à obtenir. A peine le fer sort-il d'une cannelure, qu'il est introduit dans une autre par le lamineur, qui le guette ; il s'ensuit que le cordon de fer rouge passe simultanément dans les sept cages du laminoir, semblable à un serpent dont les anneaux s'enlacent les uns dans les autres. Sorti de la dernière cannelure, un enfant le porte en courant à un tourniquet qui l'enroule rapidement et donne à la charge entière la forme d'une couronne.

Le métier du lamineur est moins pénible que celui du puddleur, mais il est plus dangereux. Il est exercé ordinairement par des jeunes gens, car il exige l'agilité avant tout. Les accidents sont malheureusement assez fréquents. Ces énormes machines à vapeur, ces laminoirs, sont animés de vitesses qui occasionnent souvent des ruptures dont les conséquences sont terribles : toute fausse manœuvre dans le maniement du fer peut être mortelle pour l'ouvrier, sans parler du danger d'être saisi par les laminoirs en marche.

Les précautions ont été accumulées à Bacalan pour ménager l'ouvrier.

Le réchauffage et le laminage font subir aux billettes un déchet d'environ 10 0/0. La consommation de houille pour le réchauffage varie entre 300 et 400 kilogrammes par tonne de fer fini. Les flammes perdues du four à réchauffer sont utilisées sous des générateurs ; elles produisent un effet utile très considérable ; chaque four à réchauffer fournit 30 chevaux-vapeur ; Bacalan compte trois fours à réchauffer.

Le fer est en état d'être livré à la tréfilerie, nous l'y suivrons dans un instant, après avoir jeté un coup d'œil sur l'ensemble de la forge.

SECTION III

Résumé.

En résumé, il faut obtenir dans le travail de la forge deux résultats bien distincts : 1° de la chaleur pour produire l'effet chimique de la transformation de la fonte en fer; 2° de la force pour produire les effets mécaniques du laminage.

Lorsqu'une forge se trouve sur un cours d'eau permettant l'installation de turbines puissantes, on n'a besoin de recourir au combustible que pour les effets chimiques.

Vue intérieure de l'Atelier de forge de Bordeaux-Bacalan.

Mais lorsque cette ressource lui manque, l'ingénieur est conduit à tirer de la même source et l'effet chimique et l'effet mécanique, c'est-à-dire à employer le même calorique d'abord à la réduction de la fonte et au réchauffage des billettes, et ensuite à la production de la vapeur nécessaire aux machines motrices des laminoirs.

C'est ainsi que nous avons vu, dans les usines de la Société métallurgique du Périgord, tous les fours munis de leur chaudière.

Toutes ces chaudières sont en communication de manière à obtenir une tension uniforme, et la vapeur est dirigée par des prises convenablement ménagées jusque sous le piston des machines.

On voit ainsi la solidarité qui règne entre les parties de ces immenses ateliers.

Pour que la partie mécanique fonctionne, il faut que les fours produisent du fer. Cette production augmente-t-elle, immédiatement la force mécanique augmente : en effet, si l'on fait passer plus de charges au four à puddler et au four à réchauffer, on y emploiera plus de combustible, on y développera plus de chaleur, par conséquent on y produira plus de vapeur, ou plutôt de la vapeur dont la force élastique est plus grande. Au contraire, les fours à puddler chôment-ils, alimente-t-on mollement le four à réchauffer, soudain la tension de la vapeur baisse, la force manque, les laminoirs ne fonctionnent plus et sont incapables de faire le peu d'ouvrage qu'on sollicite d'eux.

L'idéal du métallurgiste, c'est la concordance parfaite entre l'effet chimique et l'effet mécanique; mais cet idéal est aussi difficile à atteindre que tout autre, et il faut savoir se contenter du relatif.

La Société métallurgique du Périgord a jugé prudent et pratique de se munir de bonnes et puissantes chaudières de secours, pouvant donner ensemble 150 chevaux de force;

lorsque la tension générale de la vapeur dans la forge ne suffit pas ou suffit à grand'peine, ces générateurs de secours entrent en jeu et rétablissent l'équilibre.

Ils constituent le véritable régulateur de la force motrice de la forge.

SECTION IV

Tréfilerie et Pointerie.

Nous avons vu la barre de fer, au sortir du laminoir, se diriger sur la tréfilerie.

Une opération préliminaire, le décapage, ne nous arrètera pas longtemps. On plonge les couronnes de fer dans un mé-. lange d'eau et d'acide sulfurique pour enlever la rouille ; on active le décapage en introduisant' de la vapeur dans les cuves et en élevant ainsi la température du liquide.

L'outillage de tréfilerie est un outillage purement mécanique dont voici la description sommaire.

Le fer à étirer, roulé en couronne, est placé sur un léger tourniquet en bois très mobile ; l'ouvrier saisit l'extrémité du fil, la forme en pointe avec quelques coups de marteau, et introduit cette pointe dans la filière : devant cette filière tourne une bobine métallique ayant la forme d'un tronc de cône et muni d'une pince articulée : cette pince saisit la pointe qui dépasse la filière, et la bobine mise en mouvement entraîne le fer, le force à s'étirer en traversant la filière et l'enroule de nouveau, en couronne brillante comme de l'argent.

La filière se compose d'une plaque d'acier ayant sensiblement la forme des battoirs dont se servent les laveuses. Le manche sert à fixer la filière, les trous soigneusement calibrés sont percés dans la partie la plus large.

Atelier de tréfilerie des usines de Bordeaux-Bacalan.

Tel est l'outillage du tréfileur, et nous en aurons complété la description en ajoutant que l'ouvrier a constamment auprès de lui des baquets remplis de mélanges acidulés pour décaper les fers atteints par la rouille.

Le fer en passant par les filières devient roide *et s'écrouit* : ce n'est point un inconvénient pour la production du gros fil de fer qui ne demande qu'une ou deux passes, mais si l'on veut obtenir des fils de fer fins, les passages répétés à la filière rendraient le fer tellement cassant qu'il n'aurait aucune valeur.

Pour parer à cet inconvénient on recuit le fil de fer entre les passes à la filière.

A cet effet on le place, roulé en couronne, dans une cuve en fonte munie d'un couvercle et d'un tuyau pour permettre l'évacuation des gaz. Cette cuve est exposée à un foyer de température convenablement aménagé et appelé *four à recuire;* le fer soumis à ce chauffage en vase clos, s'amollit, devient souple et maniable, et prend une couleur bleue sombre ou noire. L'industrie le demande fréquemment sous cette forme, pour tous les travaux qui exigent une grande flexibilité. Les fils de fer recuits sont donc livrés partie au commerce, partie à la tréfilerie pour y être soumis à de nouvelles passes qui, alternées avec de nouveaux recuisages les conduisent aux plus faibles diamètres.

Les bons fers descendent facilement au diamètre d'un demi-millimètre, c'est-à-dire qu'il en faut une longueur de 665 mètres pour faire un kilogramme !

Les fers excellents, tels que Bacalan les produit à ses feux d'affinerie, descendent jusqu'au diamètre incroyable de quatorze centièmes de millimètre, c'est-à-dire qu'il en faut une longueur de 9,000 mètres pour un kilogramme ! Un fil, de ce diamètre faisant le tour du globe terrestre pèserait moins de 4,500 kilogrammes !

A l'Exposition de 1878, la Société métallurgique du Périgord avait dans ses vitrines une perruque bouclée magnifique, composée de brins de fils de fer de ce diamètre, c'était assurément l'une des curiosités de la section métallurgique.

Les fils de fer exceptionnellement minces prennent le nom de fils *carcasse*, ils ne sont guère employés que par les fleuristes et les relieurs.

Les tréfileurs sont divisés en deux grandes catégories : les uns, produisant les gros fils de fer, prennent le nom de *loups*, les autres, produisant les fers fins, s'appellent *lyères*.

Nous ne nous étendrons pas sur l'emploi du fer en fils : c'est une des formes les plus communes de son utilisation dans les usages industriels et même domestiques.

Les télégraphes en consomment de grandes quantités. La Société métallurgique du Périgord est l'un des fournisseurs attitrés du Ministère des postes et télégraphes.

La culture de la vigne dans le Midi en absorbe des masses importantes.

Des pieux en fer sont rangés en lignes droites convenablement espacées; on fixe sur les pieux deux ou trois longueurs de fils de fer l'une au-dessous de l'autre; on obtient ainsi une sorte d'espalier sur lequel végète et se développe la vigne. Cet appareil métallique remplace l'antique échalas, dans le Médoc et dans toutes les régions où la culture rationnelle remplace les errements en usage dans l'enfance de l'industrie.

Lorsque le fil de fer doit être soumis à l'action des agents atmosphériques, on assure sa durée en le recouvrant d'une mince couche de zinc qui le préserve de l'oxydation. Les fers ainsi préparés sont dits fers zingués ou *galvanisés*, pour employer un terme technique, mais absolument impropre. L'électricité, en effet, n'a rien à voir dans le zinguage pas plus que dans l'étamage oblique.

Pour galvaniser une couronne de fil de fer, on la place, après une recuite préalable, sur un tourniquet très mobile; l'ouvrier saisit l'extrémité dn fil, lui fait traverser un baiu de zinc en fusion et vient le fixer sur une bobine métallique animée d'un mouvement de rotation. En continuant son mouvement, la bobine attire à elle toute la couronne en l'obligeant à traverser préalablement le bain. Les vitesses données à ces bobines varient selon le diamètre du fil. Ajoutons que pour faciliter l'adhérence du zinc sur le fil on ajoute au bain une certaine quantité de sulfate d'ammoniaque.

La forge de Bacalan possède une galvaniserie, vaste et bien comprise.

C'est dans la fabrication des pointes que le fil de fer trouve un de ses emplois les plus importants ; le tréfileur pourrait donc se borner à travailler pour le pointier, mais il a un plus grand intérêt à être pointier lui-même ; aussi les deux industries sont-elles généralement connexes. En effet, le tréfileur, sans frais généraux supplémentaires, réalise le bénéfice du pointier, et, en outre, il trouve dans la fabrication de la pointe l'écoulement des bouts de fil de fer cassés à la filière, dont le commerce ne voudrait pas et qui constituent un déchet de fabrication toujours important.

La Société métallurgique du Périgord n'a pas méconnu cet avantage et a installé un atelier complet de pointerie.

On peut embrasser d'un coup d'œil ce vaste atelier plein de lumière ; quarante métiers à pointes y battent sans cesse sous la surveillance de quelques ouvriers. Leur mécanisme est perfectionné et ils sont le dernier mot de l'art du mécanicien.

Le fil de fer placé, en couronne, sur un tourniquet est engagé dans un manchon ; un mécanisme le fait avancer par secousses de la longueur nécessaire à la pointe, puis deux couteaux d'acier coupent cette longueur en même temps qu'un marteau mû par un ressort façonne la tête.

Certains de ces métiers frappent jusqu'à 400 coups à la minute : plus la pointe doit être grosse, plus le métier est puissant et plus son mouvement est lent.

Atelier de pointerie des usines de Bordeaux-Bacalan.

A Bacalan, la pointerie fabrique toute la série des pointes connues dans le commerce, depuis l'énorme pointe de charpentier qui mesure plus d'un décimètre et demi de longueur sur 7 millimètres de diamètre, jusqu'à l'imperceptible pointe du vitrier.

La pointe française, et spécialement celle de Bacalan, est extrêmement recherchée à l'étranger; c'est un de nos articles importants d'exportation. Il faut chercher la raison de cette préférence dans la supériorité des fers français ; ce n'est qu'avec de bons fers que l'on peut obtenir une pointe bien saine, à tête large, plate et sans étoiles.

Quiconque a eu l'occasion de clouer une pointe dans son intérieur nous comprendra.

Ramassées au pied des métiers, les pointes sont placées dans un baril animé d'une rapide rotation et rempli de sciure de bois, elles s'y nettoient, y prennent un bel éclat métallique. Il ne reste qu'à les enfermer dans des cartouches de fort papier et elles sont prêtes pour la vente.

A Bacalan se pratique également le vernissage de la pointe; c'est une opération nauséabonde entre toutes, mais il n'y a rien de répugnant en industrie.

On obtient ce vernissage en faisant passer la pointe dans un vase en tôle contenant des huiles portées à une température élevée.

Notre inspection sera terminée après un coup d'œil donné à l'atelier de réparation et d'ajustage qui est aussi bien outillé que bien composé : là se font les travaux d'entretien de la forge, se tournent les cylindres, se fabriquent les métiers à pointes.

La Société Métallurgique du Périgord occupe à Bacalan environ deux cents ouvriers forgerons, lamineurs, tréfileurs, poin-

Société Métallurgique du Périgord.

Ateliers d'ajustage et de réparations des Usines de Bordeaux-Bacalan.

tiers et ajusteurs. Dans le but d'attirer et de fixer les ouvriers elle a loué dans le voisinage de la forge un grand nombre de maisons modestes mais confortables, ayant la plupart un jardinet.

Les ateliers de tréfilerie et de pointerie de Bacalan sont desservis par une force mécanique de 350 chevaux-vapeur.

SECTION V

Vue d'ensemble des Usines de Bordeaux.

Sur la rive droite du fleuve, la Société métallurgique du Périgord possède un terrain, dont la valeur est doublée par des remblais qui le mettent à l'abri des inondations et le rendent vraiment propre à l'industrie. La superficie est de cinq hectares. Cinq hectares de terrains industriels à la porte de Bordeaux et reliés au port et au chemin de fer ! Qu'on juge de la valeur qu'ils représentent.

Sur ces terrains, sont installés des fours à coke, qui ne sont, à vrai dire, que le complément de l'usine de Fumel, et une fonderie. C'est là ce que l'on voit dans le présent ; mais ce que l'on espère voir dans l'avenir, c'est le haut-fourneau qui doit plus tard couvrir ce vaste terrain de ses parcs d'approvisionnements, c'est peut-être une aciérie, que savons-nous ! En aucun endroit, les capitaux ne trouveraient un emploi plus utile, une rémunération plus solide.

Sur la rive gauche, a été créé un groupe dès aujourd'hui complet : une forge qui prend la fonte à l'état brut et la convertit en fers prêts pour la consommation : fils, pointes, feuillards, fers ronds et carrés, cornières, etc., etc.

Les approvisionnements et les débouchés sont aussi assurés ici qu'à Fumel.

Une forge a besoin de fontes, de ferrailles et de houille. La fonte arrive à Bordeaux de tous les pays producteurs ; l'Espagne envoie ses excellentes fontes de Bilbao, l'Angleterre ses fontes d'un bon marché incomparable ; de la cale du navire au parc de Bacalan, la distance n'est que de quelques mètres.

Assurément, il faut subir la fluctuation des cours, mais la Société métallurgique du Périgord jouit d'un crédit assez solide à l'étranger, pour traiter des marchés à longue haleine ; en temps de hausse, elle est toujours pourvue, en temps de baisse, elle traite ses marchés.

Pour la houille, il suffira de dire qu'elle vient d'Angleterre.

Une ville de l'importance de Bordeaux produit assez de ferrailles pour alimenter une forge, au delà même de ses besoins.

Donc approvisionnements assurés, et à bas prix, puisqu'il n'y a pas à compter avec les transports coûteux par chemins de fer.

Quant aux débouchés, ils comprennent d'abord toute la vallée de la Garonne où ne peut s'établir aucune concurrence, sans folie de la part de ses fondateurs. Entre la Garonne et les Pyrénées, la forge de Bacalan est absolue maîtresse. En remontant vers le centre et le nord, elle rencontre des concurrences sous le rapport des prix, mais aucune sous le rapport de la qualité.

Dans l'industrie du fer, la qualité joue un rôle immense : la Société du Périgord a des marques sans rivales.

Enfin, l'exportation lui est ouverte.

Bien des Sociétés métallurgiques en France considèrent les traités de commerce comme une menace perpétuelle ; une diminution des droits de douane sur la fonte, sur le fer brut, les tuerait immédiatement.

Toute l'industrie métallurgique du centre et du bassin de la Loire s'affole à la seule pensée du libre-échange.

La Société du Périgord ne le souhaite pas, mais elle ne le redoute pas.

Seul, le produit brut pourrait être atteint, car il ne viendra jamais à la pensée de l'étranger de demander, ni à nos législateurs d'accorder la franchise complète du produit fini, qui jetterait sur le pavé les ouvriers, par centaines de mille.

La forge de Bacalan n'est qu'un transformateur. Qu'on supprime les droits sur les fontes étrangères ; elle produira ses fers bruts avec ces mêmes fontes, en réalisant 25 0/0 d'économie, dont elle fera bénéficier sa clientèle pour battre le fabricant de fers finis étrangers.

Qu'on supprime le droit sur le fer brut, elle produira ses fils de fers et ses pointes avec ces mêmes fers bruts et avec une économie de 30 à 40 0/0, la conclusion est la même. Elle devra éteindre ses fours à puddler, mais le laminoir marchera toujours.

Cet avantage est la conséquence de sa situation maritime.

Les fondateurs de cet établissement ont calculé toutes les chances, ils n'ont laissé aucune part à l'imprévu ; l'avenir leur réserve donc tous les succès.

CHAPITRE V

Constitution de la Société. — Organisation financière et commerciale.

Il n'entre pas dans notre esprit d'exalter une industrie aux dépens des autres : chaque travail répond à des besoins qui constituent sa raison d'être et son titre de noblesse. Cependant qu'il nous soit permis de témoigner notre secrète prédilection pour cette forte et mâle industrie du fer qui exige des hommes savants et des ouvriers vigoureux, qui développe la gamme entière des facultés humaines et met à contribution toutes les branches de la science humaine: géométrie, physique, mécanique et chimie.

Il faut des ingénieurs pleins de courage et de sang-froid pour envisager sans émotion les accidents inévitables qui se produisent dans ces fournaises où ils prennent de suite une gravité terrible. Enfin il faut une tête solide pour diriger l'ensemble, pour assurer les débouchés constants d'une fabrication qui n'admet pas le chômage, car l'extinction d'un haut fourneau ou d'une forge, c'est la ruine.

Mais nous sommes pleinement rassurés, au moins en ce qui concerne la Société Métallurgique du Périgord ; son chiffre d'affaires va toujours en croissant, ses usines de Fumel et de Bordeaux livrent chaque jour à l'industrie et au commerce pour dix mille francs de produits finis et elle ne s'en tiendra pas là. Sa situation à Bordeaux lui permet de faire l'exportation, et de ce côté, les débouchés sont illimités pour elle, soit qu'elle transforme sa propre production de fer, soit qu'elle se borne à transformer les productions de l'Angleterre et de l'Allemagne.

* *
*

Nous devons à notre lecteur quelques renseignements sur la constitution financière de la Société dont nous venons de visiter les usines.

La Société Métallurgique du Périgord est constituée sous forme anonyme. A sa tête est un Conseil d'administration, actuellement composé de cinq membres.

Le capital actions est de 2 millions, entièrement versés.

Lors de la fondation, il n'a été attribué aucune action d'apport, aucune part de fondateur; chacun a fait son versement en espèces.

Ce point est à remarquer. Le capital de cette Société ne travaille absolument qu'à son profit, et non pour rémunérer des apports plus ou moins sérieux.

Les dividendes, depuis six ans, n'ont pas dépassé 6 0/0. Le Conseil d'administration préfère affecter le surplus à l'amortissement. Il peut montrer aujourd'hui avec orgueil, dans le bilan de la Société, un chiffre de 400,000 francs d'amortissement et de réserve, soit presque le cinquième du capital social, et cela en six exercices.

Les actions sont de 1,000 francs. Elles sont réparties entre un petit nombre de personnes qu'unissent des liens de parenté ou d'amitié.

Assurément ce n'est pas avec son capital-actions que la Société Métallurgique du Périgord aurait pu acheter et outiller des usines nouvelles qui représentent une valeur purement immobilière de plus de deux millions, sans parler de l'outillage.

En 1878, par l'intermédiaire de la Banque de Prêts à l'Industrie, elle a émis un emprunt de dix mille obligations 5 0/0 rapportant 15 francs par an, remboursables à 300 francs en cinquante ans.

Elle s'est procuré ainsi un capital légèrement supérieur à son capital actions, et cette nouvelle ressource lui a permis de prendre ses développements actuels, notamment de construire les usines de Bordeaux.

Avant cet emprunt, la Société Métallurgique du Périgord se contentait d'un chiffre d'affaires de deux millions par an ; aujourd'hui, elle est sur le pied de quatre millions et elle espère voir ce chiffre s'accroître encore.

On peut ainsi la considérer comme une Société prospère et en plein développement.

Aussi ses obligations sont-elles un excellent placement. Elles reposent sur des garanties immobilières des plus sérieuses et dont la valeur, abstraction faite de l'outillage, est supérieure à deux millions.

La Société Métallurgique du Périgord n'est pas une affaire nouvelle : elle a fait ses preuves dans la crise aiguë qu'a traversée la métallurgie en 1877 et 1878. Est-il nécessaire d'ajouter que sans des garanties positives elle n'aurait pas obtenu le patronnage de la Banque de Prêts à l'industrie.

Dans les années difficiles, la Société Métallurgique du Périgord n'a jamais manqué de travail et a toujours réalisé des bénéfices. C'est dire que dans les années prospères, elle recueillera de larges moissons.

L'industrie métallurgique, lorsqu'elle est administrée avec économie, sans frais généraux excessifs, donne, dans les temps ordinaires, tels que ceux que nous traversons actuellement, un bénéfice de 8 à 9 0/0 du chiffre net des affaires ; ce bénéfice, dans les années prospères, peut être porté au triple et même au delà.

On peut, en ce moment, évaluer le chiffre d'affaires mensuel de la Société du Périgord à 300,000 francs, et par conséquent ses bénéfices bruts à 25,000 francs par mois en chiffres ronds Ils doivent atteindre facilement 30,000 francs avec le développement progressif des affaires, soit par an 360,000 francs.

Si nous déduisons de ce résultat, l'annuité de l'emprunt, il nous restera environ 180 à 200,000 francs par an, soit 9 0/0 du capital social.

6 0/0 de dividende et 3 0/0 d'amortissement par an, telle est l'allure habituelle de la Société pendant les années ordinaires.

La Société est, dès maintenant, outillée pour profiter de toute bonne année, c'est-à-dire les années de hausse, et réaliser plus d'un million de bénéfices. On ne saurait, dans de telles conditions, douter du brillant avenir réservé à la Société métallurgique du Périgord.

L'INDUSTRIE DU VERRE

LES

VERRERIES DE VIERZON

(CHER)

SOCIÉTÉ ANONYME

DES

VERRERIES DE VIERZON

(CHER)

Constituée par acte déposé en l'étude de M° AMBRON, notaire à Paris,
le 6 Mars 1879.

CAPITAL SOCIAL : 1,000,000 DE FRANCS

SIÈGE SOCIAL : 9, RUE TAITBOUT, 9, — PARIS

CONSEIL D'ADMINISTRATION

MM. **PLAZANET** (Baron de), ✳, Ingénieur, *Président.*

CLERC, Industriel, *Vice-Président.*

DE GALARD DE BÉARN (Comte), Industriel.

BOURCIÈRE, ✳, Ingénieur,

MARTIN, Négociant,

PETITFILS, Docteur en médecine,

VATEL, Négociant, *Administrateur délégué.*

} *Administrateurs.*

LES

VERRERIES DE VIERZON

(CHER)

~~~~~~~~~~~~~~~

CHAPITRE PREMIER

Définition et historique.

DÉFINITION. — On désigne communément sous le nom de *verre* une substance transparente, incolore ou colorée, dure et fragile à la température ordinaire, devenant liquide à une température élevée, et dont la cassure présente une contexture particulière dite *cassure vitreuse*.

La nature nous offre un verre d'une pureté et d'un éclat remarquables, le *cristal de roche*; c'est de la silice pure. Le verre que nous produisons artificiellement dans nos creusets se compose également de silice, mais combinée avec de la soude, de la potasse, de la chaux..., etc., matières qui, additionnées à certaines doses, rendent la silice plus facile à fondre sans lui faire perdre sa transparence.

CLASSIFICATION. — Le verre sert aujourd'hui aux usages les plus variés, et, suivant chaque usage, la proportion des éléments

qui entrent dans sa composition devient variable. C'est bien toujours, chimiquement, à peu de chose près, la même substance;
mais les procédés de fabrication sont tellement différents suivant le produit que l'on veut obtenir, que chaque procédé
constitue presque une industrie distincte.

A ce point de vue, la fabrication du verre se divise en quatre
catégories :

Fabrication des bouteilles ;

Fabrication des verres à vitre ;

Fabrication des glaces ;

Et enfin fabrication de la gobeletterie, ce terme comprenant
tous les objets en verre qui ne sont pas bouteilles, verres à
vitre ou glaces, et en particulier les verres à boire, les cara-
fes..., etc.

HISTORIQUE DE LA FABRICATION DU VERRE. — Il s'est formé, au
sujet de l'origine de la fabrication du verre, une sorte de
légende dont Pline le naturaliste est le père , et qui n'a pas
encore entièrement perdu crédit.

Cet auteur attribue la découverte du verre à des commer-
çants phéniciens qui, voulant cuire leurs aliments, allumèrent
du feu sur le sable du rivage et se servirent de blocs de nitre
comme trépieds pour leur chaudière. Le nitre étant entré en
fusion sous l'ardeur du feu, et s'étant mêlé au sable de la
plage, qui n'est autre chose que de la silice, on vit, — continue l'auteur, — couler un liquide nouveau et transparent formé
de ce mélange : de là vient, dit l'auteur, l'origine du verre.

Ce récit, nous l'avons dit, est invraisemblable : un foyer en
plein air, tel que celui que nous décrit Pline, ne saurait produire une chaleur suffisante pour déterminer la fusion du verre.

S'il est aisé d'attaquer cette légende, il est difficile de lui
substituer l'histoire véritable de l'invention du verre. Le seul
point incontestable est que cette substance a été connue dès
la plus haute antiquité. Il en est parlé dans l'Écriture sainte

à deux reprises : 1° dans le livre de Job, ch. xxviii, verset 17, et 2° dans le livre des Proverbes, ch. xxiii, verset 31.

On a trouvé à Thèbes une petite boule de verre portant le nom d'un Pharaon qui vivait environ 1,450 ans avant Jésus-Christ.

Les Romains connaissaient le verre plus de deux siècles avant notre ère. Cependant, ce fut seulement sous Néron que fut établie à Rome la première verrerie. Le développement du luxe, qui prit vers cette époque un si grand essor, donna une grande activité à cette industrie, et sous Claude Sévère, l'an 210 après Jésus-Christ, le nombre des verriers était tellement augmenté à Rome, que l'on jugea nécessaire de les consigner dans un quartier spécial de la ville.

Au moyen âge, Venise se distingua par ses verreries, qui furent réléguées, en 1231, à deux lieues de cette ville, dans la presqu'île de Murano. C'est, dit-on, dans cet endroit, qu'on fabriqua les premières glaces par le procédé du soufflage.

C'est aussi dans le moyen âge que la fabrication du verre s'introduisit en Bohême et y acquit, grâce à l'extrême pureté des matières premières, une supériorité et une réputation qui se sont maintenues jusqu'à nos jours.

En France, l'industrie du verre jouit dès l'abord d'une grande faveur à cause de l'incontestable utilité de ce produit, et l'on sait que les professions des maîtres verriers et maîtres de forges furent pendant longtemps les seules industries compatibles avec un titre de noblesse.

De nos jours, la fabrication du verre, sous ses diverses formes, a pris rang en Europe et particulièrement en France, parmi les industries les plus considérables, tant par la quantité d'ouvriers qui y sont employés, que par la valeur des produits fabriqués.

La valeur de ces produits dépasse, en effet, pour l'Europe entière, le chiffre de 500 millions de francs, et dans ce chiffre, la France, à elle seule, entre pour plus de 100 millions de francs.

Elle possède près de 200 usines, qui occupent, ensemble, de 25,000 à 30,000 ouvriers, et sont desservies par une force motrice d'environ 4,000 chevaux-vapeur, soit en moyenne 130 ouvriers et 50 chevaux de force par établissement.

Le chiffre de 100 millions de francs, qui représente la production totale du verre en France, se répartit presque également entre les quatre branches de cette industrie : les glaces, les bouteilles, les verres à vitres et la gobeletterie.

Mentionnons enfin la fabrication du cristal et des verres d'optique, dont la production atteint annuellement de 10 à 15 millions de francs pour la France seulement.

Le cristal ne diffère du verre que par la substitution d'un oxyde de plomb et même de zinc à la chaux : le cristal est un produit plus riche et plus beau que le verre, mais aussi beaucoup plus cher.

CHAPITRE II

Considérations économiques.

Longtemps les verriers ont trouvé, dans les produits que nous offre la nature, toutes les matières premières nécessaires à la fabrication du verre.

Les sables leur fournissaient la silice; les cendres de bois, la soude et la potasse; enfin le bois était l'unique combustible employé pour la fusion de ces produits mélangés.

Se rencontrait-il un pays boisé, dont le sous-sol présentât une couche de sable suffisamment pur et assez aisément exploitable, et dont les communications soient aisées ? on se trouvait dans d'excellentes conditions pour l'établissement d'une verrerie : matières premières à pied d'œuvre transports relativement faciles pour les produits fabriqués.

Beaucoup de verreries existent encore, qui n'ont dû leur création qu'à la réunion de ces divers éléments.

Mais l'établissement des voies ferrées, la substitution de la houille au bois pour la production de la chaleur, la fabrication artificielle des sels de soude, le progrès de toutes choses en un mot, ont, depuis, complètement bouleversé ces conditions économiques.

Aujourd'hui, on emploie toujours le sable siliceux; mais la soude et la chaux ne sont plus empruntées aux cendres, et le bois a fait place à la houille dans les foyers. Et comme il est extrêmement rare, sinon impossible, de trouver dans une même localité ces divers éléments essentiels, l'influence des moyens de transport sur la prospérité des verreries est devenue capitale.

Aussi, de ces établissements anciens, les uns et non les moins prospères, ont-ils dû disparaître, en face de ces exigences nouvelles ; ce sont ceux qui, lors de la construction des chemins de fer et voies navigables, ont été laissés en dehors des périmètres desservis. Les autres, mieux partagés dans cette distribution, ont pu réussir à soutenir la lutte, et encore ont-ils dû renouveler de fond en comble leur outillage et leurs procédés.

Il est facile de se rendre compte qu'une industrie comme celle qui nous occupe, qui opère sur des masses considérables de matières premières et de combustible, d'une part, et dont les produits fabriqués sont, d'autre part, très pesants, ne peut être viable qu'à la condition d'être pourvue de moyens économiques de transports.

Pour rendre bien saisissable l'influence des moyens de communication sur le prix des matières premières, nous ne saurions mieux faire que d'indiquer quelles sont, approximativement, pour chaque mode de transport, les distances pour lesquelles les frais arrivent à égaler la valeur même des matières transportées.

Ces distances sont :

	Routes.	Chemins de fer.	Canaux.
Pour le charbon. .	40 kilom.	400 kilom .	800 kilom.
Pour le calcaire . .	10 — .	100 — .	200 —

Si, d'autre part, on observe que, d'une manière générale, le prix des matières premières et du combustible entre pour près des 2/3 dans les dépenses d'une verrerie, on comprendra toute l'influence des facilités de transport sur cette industrie.

Les verreries de Vierzon occupent, on peut le dire, une situation exceptionnelle sous ce rapport. Comme le montre, en effet, la vue à vol d'oiseau de ces usines, elles sont à cheval, à la fois, sur la ligne de Paris-Orléans à Limoges, sur

Vue à vol d'oiseau des usines.

le canal du Berry, et aux portes d'une ville qui est un centre industriel des plus importants.

Les avantages de cette position géographique sont tangibles : la batellerie amène jusque dans l'usine les charbons du bassin de Commentry et de Decize, les sables de Nemours, les grès de Fontainebleau : c'est, en poids, la presque totalité des matières premières. Le reste, c'est-à-dire les produits chimiques, arrive par chemin de fer. — C'est également le chemin de fer qui enlève les produits fabriqués, grâce à la proximité de la gare de Vierzon, point d'embranchement important, et les répartit dans toutes les directions.

Voici le détail de quelques prix de transport :

Charbons : de Commentry à Vierzon, la distance est de 130 kilomètres; le prix du transport par bateaux ressort à 2 fr. 10 les 1,000 kilogrammes.

Sables et grès : de Nemours à Vierzon, la distance par le canal de Briare et le canal du Berry est de 250 kilomètres; le prix de transport par 1,000 kil. ressort à 4 francs.

Calcaires : de Velars-sur-Ouche (Côte-d'Or) à Vierzon, la distance est de 320 kilomètres par chemin de fer ; le prix de transport par 1,000 kil. est de 13 fr. 35 c.

Quant aux produits fabriqués, les prix de transport, par 1,000 kilogs, de Vierzon aux principaux centres de consommation, sont les suivants :

Paris . . Fr.	21 30		Angers . Fr.	21 75
Blois	15 80		Le Mans. . .	22 75
Tours. . . .	13 »		Limoges. . .	21 30
Saumur . . .	18 20		Bourges. . .	4 40
Orléans . . .	9 90		Poitiers . . .	22 90
Toulouse. . .	40 »		La Rochelle .	33 »
Bordeaux. . .	36 »		Nantes . . .	25 70

Les marchés de Bordeaux, Toulouse, Bayonne, sont des débouchés très importants, à cause des exportations pour les colonies et aussi pour l'Espagne. Les expéditions de Vierzon pour ces régions se font par wagon complet, de 5,000 à 8,000 kil. de verreries.

Les grandes villes qui avoisinent Vierzon, savoir : Poitiers, Limoges, Tours, Blois, Orléans, etc., sont aussi des centres de consommation considérables, entourés de contrées riches et peuplées : elles sont aux portes de l'usine par le chemin de fer.

C'est dans le nord de la France, principalement à Anor, à Trélon, à Sars-Poterie et aussi dans l'est, à Wallerystahl, etc., que sont établies les usines concurrentes. Leurs produits ne sauraient donc pénétrer dans l'ouest et le centre, encore moins dans le midi, à Marseille, Montpellier, Narbonne, etc., qui sont pour les Verreries de Vierzon d'excellents débouchés.

En un mot, les usines de Vierzon ont en quelque sorte le monopole dans un rayon largement suffisant pour absorber toute leur production. Comme facilités d'approvisionnement des matières premières ou d'écoulement de leurs produits, elles peuvent rivaliser avec toute concurrence.

CHAPITRE III

Fabrication du verre de gobeletterie.

Les usines de Vierzon ont pour spécialité la fabrication du verre de gobeletterie. C'est une industrie des plus complexes; elle . participe à la fois de plusieurs branches de la science :

De la chimie pour la composition et le dosage des matières premières en vue de la formation du mélange fusible ;

De la physique pour toutes les questions, fort importantes, du chauffage des fours et de la combustion ;

De la mécanique pour les divers engins de travail dont nous aurons à parler.

Nous suivrons dans l'exposé des procédés de fabrication, l'ordre même des manipulations des matières premières, depuis leur entrée à l'usine jusqu'à l'expédition des produits fabriqués.

C'est ici le lieu de faire observer que l'ensemble des installations qui constituent les verreries de Vierzon, a été très judicieusement étudié, et établi de façon à ce que les matières suivent toujours la marche la plus logique, sans jamais avoir à revenir en arrière, c'est-à-dire sans occasionner de main-d'œuvre inutile.

En effet les matières premières, qui arrivent le plus communément par le canal, sont déchargées sur la berge. Elles sont là à pied-d'œuvre, c'est-à-dire auprès des fours où elles sont employées; elles passent ensuite par leurs diverses transformations jusqu'à ce qu'elles arrivent dans la halle d'expédition, qui est située à l'extrémité de l'usine opposée au canal, du côté du chemin de fer.

COMPOSITION DES MÉLANGES. — Les matières premières reçues par le canal sont déposées dans le sous-sol de la grande halle des fours, que l'on aperçoit à droite sur la vue d'ensemble à vol d'oiseau.

Du sous-sol, on les élève, au moyen d'un treuil, au niveau du sol de cette halle, dans une salle où se fait le dosage des mélanges.

Nous n'avons pas la prétention de préciser la composition des divers mélanges employés dans la fabrication du verre. Cette composition varie suivant la nature du produit à obtenir, comme aussi suivant la valeur relative et la pureté des divers éléments à mettre en œuvre.

Beaucoup de verreries, d'ailleurs, tiennent encore secrètes les proportions de leurs mélanges ; c'est, en effet, le point capital de la fabrication, celui d'où dépendent, à la fois, la plus ou moins grande fusibilité du mélange et la qualité du produit fabriqué.

Nous devons donc ici nous borner à indiquer les matières qui entrent le plus communément dans la constitution du verre, ce sont :

Du sable de Nemours ou de Fontainebleau, qui doit être aussi pur, c'est-à-dire aussi blanc, que possible ; lorsqu'il est coloré, c'est généralement par de l'oxyde de fer, qui donne au verre une coloration verte plus ou moins foncée, suivant la proportion d'oxyde ;

Du carbonate de chaux pulvérisé à la meule et tamisé ;

Des sels de soude ;

Du bioxyde de manganèse ;

Du spath fluor, ou fluorure de calcium ;

Enfin, suivant les besoins de la fabrication, des proportions variables de cobalt, d'arsenic et de régule d'antimoine.

Ces diverses matières, préalablement réduites en poudre fine et tamisées, sont dosées avec soin, puis mélangées et brassées ensemble.

Il ne reste plus qu'à soumettre ce mélange à une température suffisamment élevée pour en produire la fusion, et le verre est fabriqué.

Les fours dans lesquels on opère la fonte du verre, contiennent généralement un certain nombre de pots ou creusets en terre, rangés autour d'une grille; c'est dans ces creusets que l'on place le mélange à fondre.

Creusets de verrerie. — La première condition à laquelle doivent satisfaire ces creusets est de pouvoir résister aux températures les plus élevées sans se fondre. La nature nous offre de ces matières *réfractaires,* qui, soumises aux plus fortes chaleurs que l'on puisse produire dans les foyers industriels, ne changent pas d'état; ce sont les meilleures, parmi ces terres réfractaires, que l'on emploie pour la fabrication des creusets et aussi pour la construction des fours de verrerie.

Les usines qui fabriquent le verre pour lequel la coloration est indifférente ou même recherchée, les verres à bouteilles par exemple, emploient comme creusets de simples pots cylindriques, légèrement évasés et découverts.

Mais lorsque la blancheur du verre est indispensable, comme pour la gobeletterie, on fond les matières dans un creuset fermé, muni d'un col qui débouche en dehors du four, afin que la masse en fusion ne soit pas en contact avec les produits de la combustion, qui pourraient la colorer.

Nous figurons ci-contre ces deux types de creusets.

Aux Verreries de Vierzon, on emploie exclusivement des creusets fermés.—Ils contiennent environ 450 kilogrammes de verre fondu.

Ces creusets sont, pour l'industrie qui nous occupe, un accessoire des plus importants; aussi les verreries ne s'en remettent-elles généralement qu'à elles-mêmes du soin de les fabriquer.

Il y a un intérêt considérable à employer des creusets minces, car la chaleur les traverse plus facilement, et il en résulte une économie de temps et de combustible. — Mais il faut craindre, d'autre part, que ces vases ne puissent résister à l'effet simultané de leur charge intérieure et de la température à laquelle ils sont soumis.

La rupture d'un creuset occasionne, outre la perte de la matière qu'il contient, une perte de temps pour son remplacement.

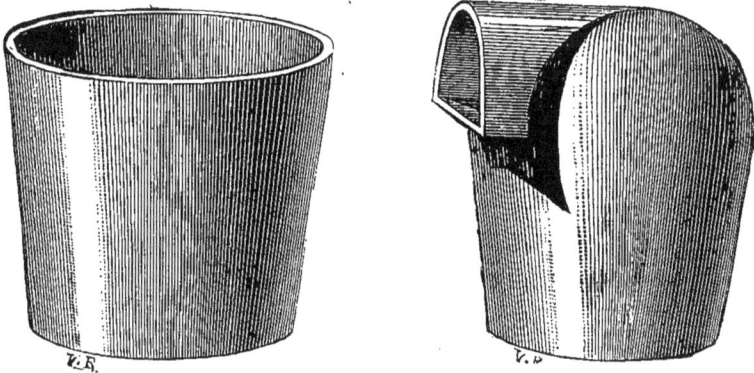

La durée moyenne d'un pot de verrerie est de 2 mois; avec beaucoup de soins on peut arriver à 3 ou même 4 mois, c'est le maximum.

Outre le choix des matériaux réfractaires, la fabrication des pots de verrerie exige beaucoup de précautions minutieuses. La terre doit d'abord être fortement pétrie et malaxée, puis le pot terminé, on doit le sécher lentement à une chaleur régulière. On le laisse séjourner pendant environ 3 mois dans une chambre où l'on maintient une température de 25° centigrades, puis un mois et demi ou deux mois dans une étuve de 30 à 35°, et enfin on le porte graduellement, avant de l'utiliser, de cette température à celle du rouge blanc.

FUSION DU VERRE. — Les creusets, soit ouverts, soit fermés, sont rangés au nombre de six ou huit, autour d'une grille, le plus souvent de deux grilles sur lesquelles on brûlait autrefois du bois et où aujourd'hui l'on brûle plus communément de la houille. — Le tout est logé dans une chambre recouverte d'une voûte en maçonnerie, de manière que les creusets soient entièrement baignés dans les flammes du foyer.

Tel est, dans ses dispositions essentielles, le type, le plus universellement répandu, de four à verrerie.

Dans un four de ce modèle, le temps nécessaire pour fondre et transformer en verre les éléments dont il se compose, après leur introdution dans les creusets est de 14 à 15 heures si l'on est en bonne marche. Mais cette durée est souvent et notablement dépassée, lorsque le mélange, par suite d'un mauvais dosage, n'est pas suffisamment fusible, lorsque les creusets sont trop épais, le combustible de mauvaise qualité ou le feu mal conduit.

Un four à huit creusets, contenant chacun 400 kilos de verre, ne consomme pas moins de 35 à 40 hectolitres de houille par 24 heures. Encore est-il nécessaire que cette houille soit pure et de bonne qualité, à cause de la température élevée à obtenir.

On a cherché à utiliser pour la fonte du verre des houilles de qualité inférieure. L'expédient auquel on a recours consiste à *distiller*, c'est-à-dire à réduire en gaz, cette houille, dans un appareil distinct du four, que l'on nomme un *gazogène*, puis à conduire ce gaz dans le four, où on le brûle mélangé à l'air.

C'est le *chauffage au gaz*, question d'un intérêt capital pour l'industrie de la verrerie.

Ce n'est point ici le lieu de nous étendre en détails techniques, qui nous entraîneraient hors de notre cadre, sur le chauffage au gaz des fours de verrerie ; nous avons voulu signaler seulement cette question au passage et constater que les verreries de Vierzon entrent, bien qu'avec prudence, dans cette voie.

Le four représenté ci-contre, est à proprement parler un four à gaz ; le combustible ne fait que se distiller sur la grille, et le gaz, mélangé à l'air, va brûler dans le compartiment supérieur, où se trouvent les creusets.

Il est connu sous le nom de four Boëtius, du nom de nos inventeur, ingénieur civil à Hanovre.

Verreries de Vierzon.

Four de Boëtius.

Nous signalerons également, sans y insister, l'existence d'un type nouveau de four bien différent de celui que nous venons de décrire, et qui est connu sous le nom de *four à bassin*. Ici, plus de creusets; le mélange à fondre est mis sur la sole même du four, qui présente la forme d'un bassin où s'accumule le verre fondu.

L'usine de Vierzon contient quatre fours à fondre, construits, tous les quatre, dans une même halle, dont nous donnons une vue intérieure.

FABRICATION PROPREMENT DITE. — Lorsque le verre est en fusion dans les creusets, commence la période de fabrication proprement dite.

Peu d'industries offrent une telle série de produits différents, depuis les services de table complets jusqu'aux bocaux à conserves et aux cloches de jardins. Vient ensuite la série interminable des articles pour limonadiers : chopes, verres à café, verres à liqueurs, carafons, variables, tous, de forme et de contenance, suivant les goûts de chacun et les habitudes locales.

Au point de vue de la fabrication, tous ces produits si divers peuvent se classer en deux catégories :

1° Objets travaillés à la main ;

2° Objets moulés.

Il est peu d'opérations industrielles aussi intéressantes pour le visiteur que ces fabrications ; par contre, il en est peu d'aussi difficiles à décrire, à cause de la multiplicité des détails et de la variété des méthodes.

Aussi bien nous proposons-nous seulement de donner une idée de la façon dont on opère pour obtenir ces formes si délicates que les ouvriers habiles et exercés savent donner au verre fondu.

Les ouvriers sont réunis par équipes de 10 à 12, dont l'ensemble constitue ce que l'on nomme une *place*.

S'agit-il de fabriquer un verre à pied ?

La place se compose dans ce cas de : trois *souffleurs*, un *cueilleur de paraisons*, un *cueilleur de pieds*, un *cueilleur de jambes*, deux *chauffeurs* et un ou deux *porteurs à l'arche*.

Vue intérieure de la grande halle de fabrication.

Chaque souffleur travaille assis sur un *banc*, que nous avons figuré ci-contre, entre deux sortes de bras. Son outil principal est la *canne*; c'est un tube en fer ayant de 1^m,30 à 1^m,80 de longueur. Le souffleur a en outre des ciseaux, des pinces de divers modèles et des gabarits, découpés suivant le profil de la pièce à fabriquer. Les autres ouvriers de la *place* sont debout et servent le souffleur.

Le cueilleur de paraisons plonge une extrémité de la canne dans le creuset qui contient le verre fondu et en retire la quantité de verre nécessaire pour former la coupe, puis il la passe au souffleur qui lui donne d'abord la forme représentée (fig. A). Le cueilleur de jambes y applique alors la jambe à l'extrémité d'une autre canne (fig. B). Enfin le cueilleur de pied apporte de même le verre nécessaire pour former le pied (fig. C).

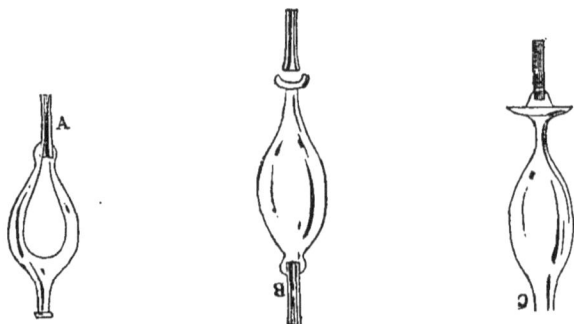

Pendant ce temps la pièce passe successivement entre les mains de 3 souffleurs qui concourent à lui donner la forme voulue, en la faisant tourner sur une table de fonte ou entre les branches de diverses pinces.

Lorsque le verre a la forme représentée par la figure C, on le fixe par son pied au bout d'une canne, on le détache de celle qui adhère à l'autre extrémité, puis avec des ciseaux on coupe le cône supérieur qui ferme le verre et on l'évase de manière à lui donner sa forme définitive (fig. D). Reste à le détacher de la canne fixée à son pied, et à le remettre au gamin qui l'apporte à *l'arche à recuire*.

Il est nécessaire que le verre soit constamment maintenu à un degré de fluidité suffisant; lorsqu'il se refroidit trop, les souffleurs le passent aux chauffeurs qui le placent, toujours au bout de la canne, dans des fours à réchauffer que l'on voit sur les côtés de la grande halle de fabrication.

Une *place* ainsi organisée peut faire environ 600 verres à pied dans une journée de travail.

S'agit-il de fabriquer un objet à anse, un huilier par exemple. — On opère comme pour le verre à boire, en soufflant; et c'est encore avec des ciseaux que l'on découpe l'embouchure suivant la forme voulue. Reste à fixer l'anse (fig. B). — Un gamin la

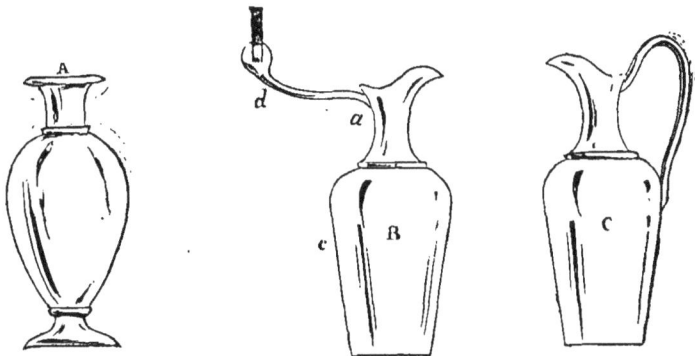

prépare et l'apporte au bout d'une canne. L'ouvrier la soude d'abord sur l'embouchure, la détache ensuite de la canne en la coupant à la longueur voulue, puis la recourbe et la soude lestement en *c*.

— Cette opération demande de la part de l'ouvrier un coup d'œil sûr et une grande dextérité, car s'il n'a pas soudé l'anse bien droite dans la direction de l'axe de la pièce, il n'y a pas de correction possible.

Lorsqu'il s'agit de pièces de formes plus compliquées, par exemple un vase à fleurs, on établit un moule en bois présentant en creux la forme de l'objet à fabriquer. Ce moule est en deux pièces, réunies par des charnières; on y introduit l'extrémité de la canne muni de sa paraison, et l'on souffle jusqu'à ce que le verre soit venu s'appliquer sur tous les contours du moule; à ce moment il suffit d'ouvrir le moule pour démouler, et de détacher la canne de la pièce, qui est ainsi entièrement terminée.

Signalons encore une méthode de moulage sans soufflage, très usitée, en particulier pour la fabrication des verres à boire sans pieds, des formes plates, telles que assiettes, bobèches...etc. Le moule présente en creux la forme extérieure que doit avoir l'objet; on y laisse tomber, du haut de la canne, la quantité nécessaire de verre fondu, puis on y fait pénétrer un noyau ayant la forme intérieure de l'objet. Le verre se trouve pressé entre le noyau et le moule, et prend instantanément la forme voulue.

Ce dernier procédé est de beaucoup le plus rapide; avec un moule de ce système, une *place* de verriers fait de 1,800 à 2,000 gobelets par jour. Il a en outre l'avantage d'être beaucoup plus facile à pratiquer; il n'exige pas de l'ouvrier cette dextérité dont sont frappés tous ceux qui visitent une verrerie, et qui ne s'acquiert que par une longue pratique de la profession.

Fours a recuire. — Que la pièce ait été soufflée ou moulée, il faut éviter de la laisser refroidir brusquement à l'air, car le verre deviendrait ainsi très cassant; il faut la *recuire*, c'est-à-dire la porter dans un four chauffé environ au rouge sombre et la laisser refroidir très lentement.

Au lieu d'avoir un grand nombre de fours qu'on chauffe

et qu'on laisse refroidir ainsi alternativement, on fait aujourd'hui des fours à recuire continus.

Ce four est une sorte de long couloir ; dans ce couloir circulent des plateaux sur lesquels on dépose les objets à recuire. A l'une des extrémités seulement de cette galerie, à l'entrée, est un foyer. — On conçoit que si l'on fait avancer avec la lenteur voulue les plateaux chargés de verre, ces objets passeront insensiblement de l'extrémité chauffée à l'extrémité froide, et le refroidissement lent est ainsi réalisé sans perte de chaleur.

La vue intérieure de la grande halle montre la coupe d'un four à recuire installé dans le sous-sol. Il a 25 mètres de longueur. Il existe aux verreries de Vierzon 6 fours semblables.

L'activité du foyer et la vitesse d'avancement des chariots doivent être réglées avec une certaine précision. Si, en effet, l'on chauffe trop, le verre se ramollit et les objets fabriqués se déforment ; si l'on chauffe trop peu, le refroidissement est trop brusque et les objets se brisent.

A leur sortie du four, les produits sont classés par catégories et par qualités. On envoie directement au magasin d'expédition ceux qui sont entièrement terminés, et les autres à la *taillerie*.

TAILLE DU VERRE. — Ce travail consiste à exécuter sur les objets en verre des facettes de formes variées pour leur donner un aspect plus agréable.

Il est souvent possible de faire venir ces facettes au moulage ; mais, dans ce cas, les angles en sont moins vifs et le travail est beaucoup moins estimé.

La taille de verre se fait en trois temps : on *dégrossit* d'abord, puis on *achève* la taille, et enfin on rétablit *le poli* du verre. La première opération se fait à la meule en fonte ou en fer, la deuxième à la meule en grès, la troisième avec une meule en bois ou en liège.

C'est un travail analogue à celui de la taille des diamants, mais plus facile, la matière à attaquer étant beaucoup moins dure.

Il existe aux verreries de Vierzon quatre ateliers de taillerie, dont la figure ci-contre montre une coupe.

Chacun de ces ateliers est une vaste salle de 40 mètres de longueur. Au milieu de l'atelier règnent de grandes tables sur lesquelles sont déposés les objets taillés ou à tailler. Le long des murs, devant les fenêtres sont rangées les meules, commandées par deux transmissions de mouvement.

Au-dessus des meules est disposée une sorte d'entonnoir plein d'eau mélangée de poudre de grès, que l'on fait tomber goutte à goutte sur le tranchant de ces meules pendant le travail.

MAGASIN. — La pièce taillée et polie, puis lavée, est mise en magasin.

Nous avons figuré une coupe de ces magasins.

C'est d'abord un local complètement pourvu de rayons, de manière à pouvoir y entasser des approvisionnements considérables de marchandises. Cela permet de régulariser la production, malgré les irrégularités inévitables dans les commandes.

C'est, en second lieu, un atelier d'emballage et d'expédition. Les voitures viennent à quai contre cet atelier, qui est pourvu d'engins mécaniques pour le chargement; une voie, actuellement en construction, permettra aux wagons de venir jusque dans le magasin recevoir leur cargaison.

FORCE MOTRICE. — De tous les ateliers que nous avons successivement décrits, la taillerie est le seul qui exige l'intervention de la force mécanique. — Mentionnons cependant, pour être complet, les appareils à broyer et tamiser le calcaire, et une pompe à élever l'eau dans un réservoir qui alimente toute l'usine.

La machine motrice qui actionne tout le mécanisme déve-

Verreries de Vierzon.

Vue intérieure de la Taillerie.

loppe une force d'environ 35 chevaux. Elle est alimentée de vapeur par deux chaudières fonctionnant tour à tour, de manière à mettre les ateliers à l'abri de tout arrêt accidentel du fait des réparations ou du nettoyage.

MAIN-D'ŒUVRE. — La main-d'œuvre joue un rôle important dans la verrerie en général, et spécialement dans la gobeletterie. Elle exige un assez grand nombre d'ouvriers spéciaux et comprend les opérations les plus variées.

A ce point de vue, il ne sera pas sans intérêt d'énumérer les ouvriers divers entre les mains desquels doit passer une pièce de gobeletterie avant d'être livrée à la vente.

Cueilleur de verre,	Ferrassier,
Souffleur de paraison,	Releveur ou choisisseur,
Poseur de jambe,	Ébaucheur,
Poseur de pieds,	Tailleur,
Attacheur ou chauffeur,	Polisseur,
Ouvreur,	Essuyeuse,
Porteur à l'arche,	Enveloppeuse,
Metteur à l'arche,	Emballeur.

Sans compter les opérations préparatoires.

Le nombre total d'ouvriers occupé aux verreries de Vierzon est d'environ 350, qui se répartissent de la manière suivante :

Ouvriers verriers, porteurs à l'arche, cueilleurs, chauffeurs, etc.	180
Ouvriers fondeurs et enfourneurs	8
Composition des mélanges	2
Metteurs à l'arche, receveurs d'arche, ferrassiers	12
Tailleurs sur verre	80
Potiers, marcheurs de terre, etc.	8
Mouleurs en fonte (entretien et réparation des moules).	6
Mécaniciens, chauffeurs, forgerons	6
Charrons, charpentiers, mouleurs en bois	5
Essuyage, emballage, mise en papier (femmes)	16
Emballage, préparation des commandes	8
Manœuvres divers et charretiers	10

Verreries de Vierzon.

Vue intérieure des magasins et ateliers d'expédition.

L'usine étant située à quelque distance de la ville de Vierzon, la Compagnie a songé à assurer le logement à ses ouvriers,
et elle a fait construire, à titre d'essai, vingt-deux habitations
ouvrières, après s'être assuré le terrain nécessaire pour en
édifier un plus grand nombre.

L'industrie de la verrerie occupe un nombre d'enfants considérable, comparativement au nombre total d'ouvriers.

Ils sont, de la part de la Société, l'objet d'une sollicitude
toute particulière.

Ceux d'entre eux qui n'ont pas encore obtenu le certificat
d'instruction primaire exigé par la loi, sont instruits gratuitement, et le temps qu'ils passent à l'école leur est compté et
payé comme temps de travail.

Un dortoir et un réfectoire reçoivent ceux dont les parents
résident trop loin de l'usine pour qu'ils puissent rentrer chaque
jour dans leur famille.

CHAPITRE IV

Constitution de la Société des Verreries de Vierzon.

Les Verreries de Vierzon ont été constituées en Société anonyme au mois de mars 1879.

Le capital social a été fixé au chiffre de 1 million de francs, divisé en 2,000 actions de 500 francs chacune. De ces actions, 800 sont entièrement libérées; les autres sont libérées de 312 fr. 50 c.

La Société, pour profiter de sa position exceptionnelle et donner à sa production le développement qu'elle comporte, a émis 4,350 obligations de 300 francs chacune et rapportant 15 francs par an d'intérêts; ces intérêts sont payables, par moitié, les 1ᵉʳ janvier et 1ᵉʳ juillet. Les obligations sont remboursables en 50 années, par voie de tirages annuels; un tirage a été fait déjà en 1880 et 20 obligations ont été remboursées.

Le service des obligations, intérêts et amortissement compris, représente une annuité de 71,483 fr. 60 c.

La constitution des Verreries de Vierzon en Société anonyme et l'émission d'obligations, en permettant d'augmenter le fonds de roulement et de pourvoir à de nouvelles installations indispensables, ont eu la plus heureuse influence sur la production : celle-ci s'accroît régulièrement de 50 0/0 par an. Grâce à l'activité qui règne dans tous les ateliers et à l'habile direction de l'usine, les Verreries de Vierzon auront acquis très prochainement tous les développements qu'elles comportent.

On peut estimer, dès lors, à plus de **2** millions par an, le chiffre d'affaires qu'elles réaliseront.

Les Verreries de Vierzon représentent ainsi une affaire d'avenir offrant à son capital obligataire toute sécurité, et à son capital commanditaire la perspective d'une large rémunération.

L'INDUSTRIE DU SUCRE

LES USINES

DE LA

SOCIÉTÉ ANONYME

DES

ANCIENNES RAFFINERIES

ÉMILE ÉTIENNE & CÉZARD, de Nantes

SOCIÉTÉ ANONYME

DES

ANCIENNES RAFFINERIES

ÉMILE ÉTIENNE ET CÉZARD, de Nantes

~~~~~~~~~

Capital social : DIX MILLIONS de francs

DIVISÉ EN 20,000 ACTIONS DE 500 FRANCS ENTIÈREMENT LIBÉRÉES

~~~~~~~~~

CONSEIL D'ADMINISTRATION

MM. **Émile ÉTIENNE**, ✳, Raffineur, Membre de la Chambre de commerce de Nantes, *Président*.

Louis CÉZARD, Raffineur à Nantes, *Administrateur-délégué*.

J.-S. VORUZ aîné, ✳, Constructeur, ancien Député, Membre de la Chambre de commerce de Nantes.

Ch. LALOU, ✺, Banquier, Président de la Société Industrielle et Financière.

E.-Jacques PALOTTE, Ingénieur, Sénateur, Président de la Banque de Prêts à l'Industrie.

Raoul SAY, Propriétaire.

PAGEAUT-LAVERGNE, Négociant à Nantes.

LES USINES

DE LA

SOCIÉTÉ ANONYME

DES

ANCIENNES RAFFINERIES

ÉMILE ÉTIENNE & CÉZARD, de Nantes

AVANT-PROPOS

Avant de présenter l'étude des deux raffineries de Nantes, dont la réunion constitue la *Société anonyme des anciennes raffineries Émile Étienne et Cézard*, nos lecteurs nous permettront de leur soumettre quelques consiérations générales dont l'intérêt ne saurait leur échapper.

———

L'industrie de la raffinerie consiste à purifier le sucre, qui sort à l'état brut des fabriques de production, sous la forme d'une masse impure plus ou moins colorée, et à lui donner les diverses formes sous lesquelles il est demandé par la consommation.

Le raffinage du sucre est de date relativement récente et longtemps on l'a consommé à l'état brut. — Ce sont les Chinois qui, les premiers, ont obtenu le sucre en gros cristaux incolores et transparents, identiques à notre sucre candi.

Les premières raffineries d'Europe furent construites à Venise vers la fin du xv° siècle, et dès le xvi° siècle on y fabriquait des pains absolument semblables à ceux que nos raffineries obtiennent aujourd'hui.

Il a fallu près d'un siècle à ces procédés d'épuration pour pénétrer jusqu'en Angleterre et en France, en passant par l'Allemagne.

La consommation du sucre, qui était autrefois limitée à la pharmacie, s'est étendue peu à peu, et les raffineries sont devenues de puissantes industries ; nous en montrerons un exemple dans les usines que nous allons décrire.

Pour être complète, notre étude doit embrasser simultanément : la situation commerciale de l'industrie sucrière considérée tant au point de vue des matières premières mises en œuvre que des produits fabriqués livrés à la consommation; ensuite la description des usines Étienne et Cézard ; enfin l'organisation financière de la Société de ces raffineries, les garanties et la rémunération qu'elle offre au capital engagé.

CHAPITRE PREMIER

Le Sucre et les matières qui en contiennent.

§ I. — Définitions.

Dans le langage ordinaire, on confond, sous la même désignation de substances *sucrées*, toutes celles offrant au goût une saveur douce bien caractéristique, que l'on nomme la *saveur sucrée*.

Rien n'est plus inexact. Les substances à saveur sucrée existent en très grand nombre dans la nature, mais l'analyse de leurs éléments présente, pour la plupart d'entre elles, de telles différences, qu'il est impossible de les confondre sous une même dénomination.

SUCRE CRISTALLISABLE. — La science n'accorde le nom de *sucre* qu'aux produits qui jouissent de la propriété de se transformer, par la fermentation, en alcool et acide carbonique, et de *cristalliser* par l'évaporation de leurs dissolutions. Ce sont les seuls qui puissent être soumis au raffinage, industrie qui a pour base, ainsi que nous le verrons, la cristallisation du sucre.

Beaucoup de plantes contiennent dans leurs racines, leurs tiges ou leurs fruits, du sucre cristallisable. Ce sont, en première ligne, la canne à sucre et la betterave, et ensuite l'érable, le sorgho, le palmier, le bouleau, le melon, la citrouille, etc.

Les éléments manquent, on le conçoit aisément, pour établir une statistique exacte de la production du sucre dans le monde entier. La date la plus récente pour laquelle nous avons pu réunir ces chiffres est l'année 1869-1870. — En voici les résultats :

Production en sucre de canne. . .	2.750.000 tonnes.
—	—	de betterave .	800.000 —
—	—	de palmier. .	100.000 —
—	—	d'érable . . .	50.000 —
	Ensemble. . . .	3.700.000 tonnes.

SUCRE DE GLUCOSE. — On désigne sous ce nom un produit à saveur *sucrée*, susceptible de se *transformer*, par l'effet de la fermentation en alcool et acide carbonique, mais non de *cristalliser*. — On le trouve dans les céréales, dans le jus des raisins, des pommes, des groseilles, des cerises, et, en général, des fruits à saveur acide, etc.

On l'emploie pour remplacer le sucre cristallisable dans ses usages les moins délicats, et plus particulièrement pour la fabrication de l'alcool, des vinaigres, pour le sucrage des vins, de la bière, des sirops de qualité commune, etc.

On le prépare en grand, dans l'industrie, en faisant agir, à chaud, un acide sur de l'amidon, élément constitutif du froment et autres substances analogues.

Mais on peut aussi l'extraire des fruits par des procédés tellement simples que le premier venu peut aisément les expérimenter. Exprimez le jus du fruit, ajoutez-y un peu de chaux ou de craie en poudre ; clarifiez la liqueur en y ajoutant des blancs d'œufs ; chauffez un peu au delà de 60° centigrades ; laissez déposer, filtrez sur du noir animal pour décolorer, et enfin concentrez le sirop par évaporation. Le sucre restera sous forme d'une masse transparente ayant l'aspect de la gomme.

SUCRE DE LAIT. — Enfin il existe des produits à saveur sucrée qui ne peuvent ni se tranformer en alcool et acide carbonique par la fermentation, ni cristalliser : le *sucre de lait* ou *lactine* est l'un des plus connus. La lactine s'emploie principalement en pharmacie. On l'obtient en évaporant simplement le *petit-lait*, résidu de la fabrication des fromages. C'est principalement en Suisse, dans les cantons qui produisent le gruyère, que se prépare la lactine.

§ II. — Sucre de canne.

HISTORIQUE. — On s'accorde généralement à reconnaître que ce sont les Indiens qui, les premiers, ont su retirer de la canne la substance sucrée qu'elle renferme et la solidifier, en un mot fabriquer le sucre.

A quelle date remonte cette invention? C'est ce qu'il est difficile de préciser.

Ce point de vue de la question ne doit pas, d'ailleurs, nous entraîner trop loin de notre sujet; nous nous contenterons donc de le résumer en renvoyant le lecteur, que de plus amples détails intéresseraient, au chapitre des *Merveilles de l'Industrie* dans lequel cet exposé historique est développé avec toute l'autorité qui s'attache au nom de l'auteur, *M. Louis Figuier*.

Dès l'an 371 avant Jésus-Christ, un philosophe grec, Théophraste, nous révèle l'existence du sucre de canne qu'il compare au miel.

Vers la même époque, Néarque, le célèbre amiral d'Alexandre-le-Grand, importa la canne à sucre dans l'Occident, tandis que les Indiens eux-mêmes l'introduisaient en Arabie et en Égypte.

Les Chinois ont cultivé la canne à sucre dès la plus haute antiquité. Mais (nous avons, du moins, tout lieu de le croire) c'est seulement vers le viiie siècle de notre ère qu'ils surent en extraire le sucre blanc cristallisé.

Quant à l'Amérique, il est constant que la canne à sucre y était inconnue lors de la découverte de ce continent. Des Indes en Amérique, elle a dû faire plusieurs étapes.

Au xiie siècle, les Sarrasins l'importaient en Sicile. De là, elle gagna le midi de la France, où elle ne tarda pas à être détruite par les gelées de l'hiver, puis l'Espagne, où elle s'est maintenue dans les régions les plus chaudes, mais sans donner de bien bons résultats, et enfin les îles Canaries et Madère.

C'est dans les plantations de cette dernière île que l'on vint, lors de la découverte de l'Amérique, chercher les éléments d'une culture qui, favorisée par un climat convenable et surtout par un terrain vierge, fit de rapides progrès.

CULTURE DE LA CANNE. — La canne à sucre est une plante de la famille des *graminées*. Elle ressemble beaucoup au maïs, mais avec des dimensions notablement plus considérables, puisqu'elle atteint communément de 3 mètres à 6 mètres de hauteur, et plus parfois. C'est dans sa tige, remplie d'une moelle spongieuse, que l'on trouve le jus sucré.

La canne se propage par graines· ou par boutures, le plus souvent par boutures. C'est une plante vivace; après la récolte, chaque pied produit de nouveaux rejetons.

On cultive plusieurs variétés de canne à sucre. La plus répandue est la canne *créole*, ou *canne de Bourbon*. Viennent ensuite la canne à *rubans violets*, de *Batavia*, que l'on réserve habituellement pour la fabrication du rhum; enfin la canne de *Taïti*, qui tend à se répandre parce qu'elle est considérée comme la plus riche en sucre.

Voici la composition moyenne d'une tige de canne à sucre :

Eau.	72.10
Substance ligneuse	9.90
Matières solubles.	18.00
	100.00

Et le jus que l'on en extrait renferme :

Sucre	20.90
Eau.	77.17
Sels minéraux	1.70
Produits organiques. . . .	0.23
	100.00

C'est, on le voit, de l'eau sucrée presque pure, contenant une partie de sucre pour quatre parties d'eau.

EXTRACTION DU SUCRE DE LA CANNE. — Les installations primitives, que beaucoup de petits planteurs ont encore conservées, se composent d'un moulin en pierre dans lequel on broie la canne pour en extraire le jus, et d'une série de cinq chaudières accolées dans lesquelles on purifie le jus en y ajoutant un peu de chaux ; puis on laisse déposer et on évapore jusqu'à ce que la cristallisation du sucre se produise. A ce moment, on coule la masse dans des tonneaux; les cristaux achèvent de s'y former au milieu d'un sirop coloré en brun plus ou moins foncé qui, ne pouvant cristalliser à cause de son impureté, s'égoutte par des trous ménagés au fond des tonneaux.

Ce procédé grossier ne permet pas de retirer de la canne plus de 6 à 8 0/0 de sucre, alors qu'elle en contient 20 0/0.

Pressés par la concurrence du sucre de betterave, plusieurs cultivateurs de canne ont complètement abandonné cet outillage primitif et édifié des usines dans lesquelles ils ont réuni tous les perfectionnements de la science moderne. Ils ont ainsi élevé à 12 et même à 15 0/0 le rendement en sucre.

PRODUCTION. EXPORTATION. — Il est difficile d'établir avec précision le chiffre de la production du sucre de canne dans le monde entier, car, dans beaucoup de lieux de production, la consommation locale n'est pas connue. Nous avons dit qu'on l'estime à 2,750,000 tonnes par année, environ.

L'évaluation des quantités exportées comporte plus d'exactitude. Une statistique très complète de l'industrie du sucre, due à M. Bivort, donne pour chaque pays producteur de canne la quantité de sucre brut exportée ; en voici le relevé pour l'année 1878 :

Grandes et Petites Antilles, îles du Vent et îles sous le Vent . . . . Tonnes.	670.000
Amérique continentale	220.000
Océanie	380.000
Afrique.	230.000
Asie	90.000
Ensemble. . . . . . Tonnes.	1.590.000

Sur ce chiffre total d'exportation, voici les quantités de sucre de canne qui ont été introduites en France :

Années.	Quantités.	Années.	Quantités.
1860	162.000^t	1870	190.000^t
1861	199.000	1871	157.000
1862	214.000	1872	166.000
1863	240.000	1873	176.000
1864	215.000	1874	159.000
1865	219.000	1875	210.000
1866	183.000	1876	179.000
1867	198.000	1877	185.000
1868	171.000	1878	167.000
1869	201.000	1879	161.000

§ II — Sucre de betterave.

HISTORIQUE. — La présence du sucre cristallisable dans diverses racines, et notamment dans *la betterave*, fut signaléé pour la première fois par Margraff, chimiste prussien, en 1745.

Il indiquait en même temps un procédé d'extraction, mais un procédé si coûteux que son application pratique était irréalisable

Ce fut Achard, son élève, qui rendit possible la fabrication industrielle du sucre de betterave. La première usine date de 1796 et beaucoup d'autres furent bientôt établies.

Pendant les premières années de notre siècle, les progrès de cette fabrication se succédèrent avec une étonnante rapidité. Une industrie naissante, dont les applications apparaissaient déjà avec toute leur importance, devait en effet attirer l'attention des savants et des industriels.

Ces découvertes arrivaient d'ailleurs fort à propos pour servir les vues politiques de Napoléon : la production du sucre en France facilitait l'application du *blocus continental* et privait d'un élément important le commerce anglais et sa marine. Aussi l'empereur prodigua-t-il à la culture et au traitement de la betterave les plus puissants encouragements.

En 1815, Howard avait découvert les avantages de l'évaporation des sirops dans le vide, et Pierre Figuier leur décoloration par le noir animal. On fabriquait alors le sucre au prix de 1 fr. 40 c. le kilog.

On en était là, lorsque la cessation du blocus continental, inondant l'Europe du sucre de canne emmagasiné pendant plusieurs années, vint ruiner pour quelque temps la fabrication du sucre de betterave.

Ce fut un trouble passager, et l'équilibre ne tarda pas à se rétablir.

Culture de la betterave. — La betterave est une plante du genre *bette*, de la famille des *chinopodées*. Elle est bis-annuelle.

Toutes les variétés de betteraves (Linné en compte cinq) sont propres à la fabrication du sucre, et leur richesse varie beaucoup plus suivant la nature du sol, le climat et le mode de culture, que suivant l'espèce.

Cependant on accorde généralement une préférence à la betterave *blanche à collet vert* dite *betterave de Silésie*.

Les terrains meubles, argilo-sableux, légèrement calcaires, sont considérés comme les plus propres à cette culture.

Les racines profondes de la betterave pénètrent facilement un tel terrain, ce qui n'aurait pas lieu dans un sol trop gras.

Quant au climat, il est reconnu qu'une trop forte chaleur est nuisible et que les contrées situées au-dessous du 45e degré de latitude produisent une betterave peu riche en sucre.

Une betterave de bonne dimension, arrivée à maturité, pèse en moyenne 1 kilogramme. Plus grosses, elles sont généralement moins riches en sucre.

Une bonne culture donne 40,000 pieds à l'hectare, soit 40,000 kilogrammes ; mais on obtient rarement un aussi fort rendement, et la production moyenne en France est de 30,000 kilogrammes par hectare.

Voici la composition moyenne de la betterave française :

Eau.	83,5
Sucre.	10,5
Cellulose et autres matières organiques.	4,5
Sels minéraux.	1,5
	100,00

Et le jus exprimé contient :

Eau.	86,03
Sucre.	12,00
Cellulose.	1,25
Sels minéraux.	0,72
	100,00

Ces analyses, comparées à celles de la canne, montrent que la betterave contient moins de sucre et plus de matières étrangères.

On obtient, il est vrai, particulièrement en Silésie, des betteraves dont la teneur en sucre atteint 18 0/0, mais en France on ne dépasse guère 10 0/0, et la proportion de sucre extrait réellement est d'environ 6 0/0.

La culture de la betterave n'en est pas moins des plus productives. En effet, une récolte de 40,000 kilos par hectare, que l'on obtient et que l'on dépasse même parfois dans les cultures bien dirigées, au prix moyen de 20 francs la tonne, crée une valeur de 800 francs par hectare, qui n'est pas assurément tout bénéfice, puisqu'il faut en déduire les frais de culture ; mais ces frais alimentent le travail national et le surplus profite au propriétaire. L'État, de son côté, y trouve un bénéfice très élevé : 40,000 kilos de betterave produisent, au minimum, 2,000 kilos de sucre, qui, malgré le récent dégrèvement de l'impôt, rapportent au fisc une recette de 800 francs.

Peu de cultures donnent à l'État et aux particuliers de semblables bénéfices : ainsi se justifie la sollicitude dont les pouvoirs publics ont de tout temps et en tout pays entouré la culture de la betterave.

Aussi a-t-elle fait de rapides progrès, comme on peut le juger par le tableau suivant :

Production de la betterave en France par région.

	1862	1875	1878
·Région Nord.	3.869.537	9.752.362	9.068.415
— Sud.	31.479	122.973	154.058
— Est.	195.555	802.213	732.780
— Ouest.	69.773	1.103.996	1.588.200
— Centre.	253.703	1.443.376	1.289.384
Ensemble. . . .	4.320.042	13.224.920	12.832.837

Ce tableau comprend, pour les années 1875 et 1878, non seulement la betterave à sucre, mais encore celle qui est livrée aux distilleries pour la fabrication de l'alcool.

Quoi qu'il en soit, il établit que, de toute la France, la région de l'Ouest est celle où les progrès de la culture de la betterave ont été de beaucoup les plus sensibles de 1862 à 1875, et que c'est la seule où, depuis 1875, la culture de cette plante ait continué à prospérer.

C'est là un fait bien digne de remarque, que cette augmentation très accentuée de production dans l'Ouest, en présence de la tendance générale à la diminution.

La fabrication du sucre y marche d'ailleurs parallèlement à ce grand mouvement agricole. Plusieurs usines viennent de s'ouvrir, d'autres ne tarderont pas à les suivre, et le jour n'est pas éloigné où les raffineries de Nantes pourront s'alimenter à leur choix en sucre français ou en sucre exotique et, dans les deux cas, avec des conditions de transport également avantageuses.

Un élément nouveau, le phylloxéra, vient encore favoriser cette tendance. — Parmi les propriétaires des vignobles dévastés, les uns replantent, mais les autres, en grand nombre, préfèrent une culture moins dangereuse. Et c'est ainsi que la betterave, sur bien des points, vient remplacer une vigne détruite; non pas dans le Midi, où le climat est trop chaud, comme nous l'avons déjà dit, mais dans l'Ouest, et particulièrement dans les Charentes, où sol et climat sont parfaitement appropriés.

Fabrication du sucre de betterave. — On récolte la betterave en septembre et octobre. Pendant l'hiver, on la conserve sans trop de peine; mais dès qu'apparaissent les chaleurs du printemps il se produit un commencement de germination, c'est-à-dire de fermentation qui diminue sa richesse en sucre cristallisable.

Les sucreries doivent donc devancer ce moment. Dans les usines bien outillées, la campagne ne dure que trois ou quatre mois, et finit en décembre ou janvier.

A son arrivée à l'usine, on *lave* la betterave, puis au moyen de râpes puissantes on la réduit *en pulpe* dont on extrait le jus par compression sous une presse hydraulique. — Un autre procédé consiste à découper les betteraves en *cossettes* que l'on met détremper dans de l'eau tiède où le sucre se dissout entièrement.

De quelque manière qu'on l'ait obtenu, on purifie ce jus en y additionnant de la chaux; l'opération se fait dans d'immenses cuves chauffées par la vapeur.

On filtre alors le jus à travers du noir animal pour le décolorer, puis on commence à le concentrer en évaporant son eau dans des chaudières chauffées à la vapeur et hermétiquement closes, dans lesquelles des pompes aspirantes font constamment le vide pour faciliter l'ébullition.

Après cette concentration, on filtre une deuxième fois le sirop, puis on le ramène dans une chaudière fermée où l'on reprend la concentration pour la pousser jusqu'au point où le sucre commence à se mettre en cristaux.

Comme dans la fabrication du sucre de canne, il faut dépouiller ces cristaux du sirop impur et coloré qui les imprègne : on en accélère l'égouttage au moyen de *turbines*, appareils qui seront décrits à l'occasion de la raffinerie.

Les turbines donnent, d'une part, le sucre cristallisé brut ou *cassonade,* tel qu'il est livré à la raffinerie, et, d'autre part, un sirop coloré, d'où l'on extrait par un deuxième traitement tout le sucre cristallisable, et que l'on vend ensuite comme sous-produit sous le nom de *mélasse.*

La pulpe dont on a extrait le jus est également un sous-produit de réelle valeur. Elle convient mieux que la betterave elle-même, parce qu'elle contient moins d'eau, à la nourriture du bétail, et se vend, pour cet usage, la moitié environ de la valeur de la betterave qui l'a produite. On peut sans inconvénient la conserver pendant deux ans. — La France seule en produit assez pour nourrir 80,000 têtes de bétail.

IMPORTANCE DE LA PRODUCTION

Production du sucre de betterave en Europe.

Années.	Tonnes.	Années.	Tonnes.
1865-66	673.000	1872-73	1.212.000
1866-67	684.000	1873-74	1.191.000
1867-68	665.000	1874-75	1.184.000
1868-69	658.090	1875-76	1.373.000
1869-70	845.000	1876-77	1.101.000
1870-71	942.000	1877-78	1.421.000
1871-72	928.000	1878-79	1.495.000

Considérée séparément, la France a suivi une progression non moins accentuée :

Production du sucre de betterave en France.

Années.	Tonnes.	Années.	Tonnes.
1860-61	106.000	1870-71	178.000
1861-62	109.000	1871-72	229.000
1862-63	133.000	1872-73	198.000
1863-64	145.000	1873-74	270.000
1864-65	104.000	1874-75	304.000
1865-66	157.000	1875-76	329.000
1866-67	197.000	1876-77	321.000
1867-68	197.000	1877-78	271.000
1868-69	118.000	1878-79	320.000
1869-70	198.000	1879-80	308.000

CHAPITRE II

Le Raffinage du sucre.

§ I. — Notions préliminaires.

Le sucre brut, au sortir des usines de production, qu'il provienne de fabrication européenne ou des colonies, est, nous l'avons dit, une masse informe dont la coloration varie du jaune clair au marron très foncé. Son degré de coloration est un indice de son degré de pureté, et longtemps l'impôt sur le sucre brut a été taxé d'après cette coloration.

Un exposé succinct des diverses opérations, dont la succession constitue l'épuration ou *raffinage* du sucre brut, facilitera au lecteur l'intelligence de la description des usines Étienne et Cézard.

A son arrivée dans la raffinerie, le sucre est dissous dans de l'eau de manière à former un sirop d'une certaine consistance : c'est la *fonte.*

On ajoute à ce sirop du noir animal, en poussière fine, et on lui fait subir, au moyen du sang de bœuf, un traitement analogue au collage des vins : c'est la *clarification.*

On filtre ensuite le sirop, d'abord sur des toiles, pour retenir les matières étrangères, puis à travers une épaisse couche de noir animal en grains pour le décolorer : c'est la *filtration.*

On le concentre dans une chaudière en évaporant l'eau jusqu'à ce qu'il se produise un commencement de cristallisation : c'est la *cuite.*

13

Enfin, on remplit de cette matière les moules à pains; c'est l'*empli*. Ces pains sont ensuite montés dans les étages supérieurs sur des planchers dits *lits de pains*, égouttés, blanchis par des clairces, sucés, retirés de leurs moules et mis à l'étuve.

Ainsi s'obtient le sucre en pains.

C'est sous cette forme qu'est vendue la plus grande quantité de sucre raffiné. Mais la fabrication comporte également le traitement de produits accessoires et de sous-produits que nous allons énumérer, en indiquant leur origine et leur usage.

Vergeoises. — Les sirops colorés provenant de l'égouttage des pains sont traités à nouveau. On en retire, suivant leur pureté et les procédés de fabrication suivis, soit de nouveaux pains, soit du sucre en petits cristaux imprégnés de sirops plus ou moins colorés qui leur communiquent une nuance variant du jaune clair au brun foncé. Ce sont les *vergeoises*.

Mélasse. — Lorsque les sirops d'égouttage ne contiennent plus ou presque plus de sucre cristallisable, on les vend comme sous-produit sous le nom de *mélasse*.

La mélasse a d'assez nombreux usages, suivant sa qualité dont on juge par sa nuance. La mélasse des raffineries travaillant les sucres coloniaux entre directement dans la consommation à des prix élevés, tandis que la mélasse provenant des sucres indigènes est généralement employée dans les distilleries pour la fabrication de l'alcool.

Sucre scié. — On demande beaucoup aujourd'hui (et c'est une consommation qui tend à se répandre) du sucre débité, à la scie ou au couteau, en petits morceaux réguliers. On obtient ce produit, dans les raffineries, en sciant des pains, ou mieux, ainsi que nous le verrons à l'occasion de l'usine Cézard, des tablettes préparées à cet effet.

Sucre comprimé. —Avec les poussières provenant du sciage ou du concassage du sucre, que l'on additionne de sucre cristallisé frais, on obtient une pâte assez liante pour que, par la compression, on puisse la mettre sous forme de tablettes qui, séchées à l'étuve, deviennent très résistantes. Ces tablettes sont débitées ensuite en sucre scié.

SUCRE CANDI. — Le sucre candi, n'est autre que du sucre ordinaire sous la forme de cristaux volumineux. Pour obtenir que le sirop concentré se forme en gros cristaux au lieu d'une masse compacte, comme celle des pains, il suffit de laisser cristalliser lentement et sans agitation.

Cette cristallisation se fait dans des auges à l'intérieur desquelles on a tendu des fils. Les cristaux se forment sur les fils et contre les parois. Quand on juge qu'ils ont un volume suffisant, on perce la croûte qui s'est formée à la surface, on verse l'excédent de sirop, puis on lave vivement les cristaux à l'eau tiède et on les laisse sécher.

C'est dans cet état qu'ils sont livrés à la consommation.

SUCRE D'ORGE, DE POMMES, etc. — Nous mentionnons ici, pour être complet, ces fabrications, bien qu'elles appartiennent plutôt à l'état du *confiseur* qu'à celui du *raffineur*.

Pour obtenir ces produits, on fond du sucre et on le porte à une température suffisante pour que, sans se transformer en *caramel* ou *sucre brûlé*, il perde cependant la propriété de cristalliser. Puis on le laisse refroidir en lui donnant la forme voulue et en y ajoutant quelquefois des essences de divers fruits. Par le refroidissement, il prend l'aspect d'une gomme incolore, s'il n'a pas été trop chauffé.

§ II. — Description de l'Usine Étienne.

HISTORIQUE. — La raffinerie Étienne est l'une des plus importantes et des plus anciennes de France.

Fondée en 1812, par M. Louis Say, elle a été, on peut le dire, le berceau de la fortune de cette célèbre famille, dont le

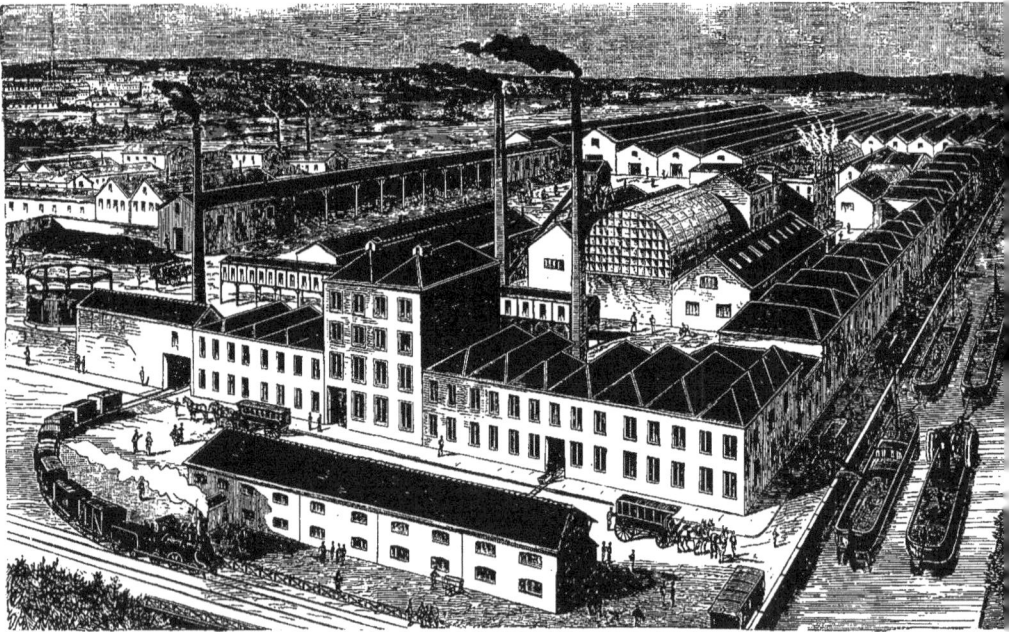

Vue à vol d'oiseau de l'usine Êm. Étienne.

nom est intimement lié à l'industrie de la raffinerie, non seulement en France, mais dans le monde entier.

Depuis sa création, cette usine est allée sans cesse grandissant et se perfectionnant, sans sortir un instant des mains des familles alliées Étienne et Say.

Elle a eu successivement comme propriétaires :

De 1840 à 1841, MM. J.-B. Étienne, A. et G. Say ;

De 1841 à 1856, MM. J.-B. Étienne et A. Say ;

De 1856 à 1859, MM. A. Say, E. et G. Étienne ;

De 1859 à 1871, MM. Émile et Gustave Étienne ;

A partir de 1871, M. Émile Étienne.

Située dans la ville même de Nantes, où elle couvre une superficie de deux hectares et demi, l'usine Étienne est merveilleusement desservie, comme moyen de transports, aussi bien pour la réception des matières brutes que pour l'expédition des produits fabriqués, puisqu'elle est entourée par la voie publique d'une part et d'autre part, par un bras de la Loire et les voies du chemin de fer de l'Ouest, d'où se détache un embranchement en construction qui pénètrera jusque dans l'usine.

La production quotidienne de l'usine Étienne est d'environ 100,000 kilogrammes de sucre raffiné et 15,000 kilogrammes de produits de second ordre : pilés, vergeoises, etc. — Hâtons-nous d'ajouter que son outillage peut se prêter à une production plus considérable encore, et que cette usine est, dès maintenant, en mesure de profiter de l'augmentation de production qui doit être la conséquence du récent dégrèvement de l'impôt sur les sucres.

La raffinerie Étienne occupe un personnel de 600 ouvriers ; elle est desservie par une force mécanique imposante : on compte en effet dans l'usine 16 machines à vapeur représentant ensemble une force de 250 chevaux.

9 chaudières à bouilleurs du plus grand modèle produisent la vapeur nécessaire à la mise en marche de ces machines, sans préjudice d'une quantité plus grande encore dépensée comme chauffage, dans les appareils que nous allons décrire.

PRÉPARATION DES SUCRES BRUTS. — Les sucres bruts arrivent, suivant leur provenance, en tonneaux ou en sacs. — Avant de passer à l'atelier de fonte, ils sont l'objet d'une préparation préliminaire ayant pour but de faciliter leur traitement.

Rappelons ici que le sucre brut est une agglomération de petits cristaux de sucre pur, imprégnés de sirop plus ou moins impur et coloré.

Ce sirop, semblable d'abord à une pâte, durcit peu à peu, et donne bientôt à l'agglomération de ces cristaux une certaine consistance.

Pour rendre plus rapide la dissolution du sucre brut dans l'eau, on le fait préalablement passer dans des broyeurs qui réduisent les blocs volumineux en une fine poussière.

Une préparation bien autrement importante encore, que l'usine Étienne fait subir à ses sucres bruts (à ceux du moins qui l'exigent), consiste à en extraire l'excès de sirop impur qu'une fabrication peu soignée y a laissé.

Nous avons vu que l'égouttage des sirops se fait, dans les usines bien outillées, au moyen de turbines. Ce sont aussi des turbines qu'on emploie à l'usine Étienne ; mais comme les sirops à extraire ont durci, il faut leur rendre leur fluidité. Pour cela on fait arriver dans la turbine un jet de vapeur, qui se condense sur le sucre brut à épurer et rend ainsi au sirop à expulser la fluidité nécessaire pour qu'il sorte de l'appareil.

L'invention de ces turbines à injection intérieure de vapeur pour purifier les sucres bruts est due à M. Wenrich ; elle est protégée par un brevet.

L'atelier des turbines Wenrich, dans l'usine Étienne, est figuré ci-contre. — Il comprend 36 de ces appareils, rangés sur deux

Atelier de purification des sucres bruts (Procédé Wenrich).

lignes parallèles de chaque côté de l'atelier. — Le sucre brut arrive dans la turbine par un couloir descendant de l'étage supérieur. Après qu'il y a séjourné une demi-heure, des ouvriers l'en retirent et le chargent sur des wagonnets pour le transporter à l'atelier de fonte. — Le dessin montre, au fond de l'atelier, la machine motrice, de la force de 30 chevaux, qui donne le mouvement à ces appareils.

Le sirop impur et coloré sortant des turbines est recueilli dans des caniveaux et mélangé aux sous-produits des opérations subséquentes, dont nous donnerons la description.

ATELIER DE FONTE. — La fonte du sucre brut se fait dans d'immenses chaudières en cuivre. — Ces chaudières possèdent un double fond dans lequel circule la vapeur pour chauffer la dissolution ; elles sont, en outre, munies d'un mécanisme qui permet de tenir la masse du liquide constamment agitée, afin de favoriser la dissolution.

On fond le sucre dans le tiers de son poids d'eau et l'on ajoute à ce sirop les eaux provenant du lavage ou, suivant l'expression consacrée, du *dégraissage* des sacs et des tonneaux ayant contenu le sucre brut, afin qu'il n'y ait aucune perte de matière.

CLARIFICATION. — Une pompe refoule ce sirop des chaudières de fusion, établies au rez-de-chaussée de l'usine, dans d'autres chaudières placées, au contraire, à l'étage le plus élevé.

C'est dans ces chaudières, au nombre de six, également chauffées par la vapeur, que l'on ajoute quelques centièmes de noir animal en fine poussière et 1 0/0 environ de sang de bœuf. — L'albumine du sang de bœuf se coagule par la chaleur, et forme dans la masse du sirop comme un réseau qui, en se déposant, entraîne, au fond de la chaudière, les matières étrangères, en suspension dans le liquide.

Le dessin ci-contre fait voir, à la partie supérieure de l'atelier, ces chaudières de clarification.

Atelier de fonte, clarification et cuite.

FILTRATION.— Lorsque le dépôt est bien formé, on décante le sirop clarifié, et on le filtre.

La filtration se compose de deux opérations bien distinctes.

La première consiste à faire passer lé sirop à travers de fortes toiles pour retenir les matières étrangères qu'il pourrait contenir encore. L'appareil dans lequel se fait cette filtration n'offre rien de particulièrement intéressant, sinon qu'il est disposé de façon à réunir sous un petit volume de grandes surfaces filtrantes.

La deuxième opération consiste à faire passer le sirop au travers d'une couche épaisse de noir animal qui possède, comme on le sait, la propriété de le décolorer. On se souvient, en effet, que le sucre brut sur lequel opèrent les raffineries est toujours plus ou moins coloré en brun, tandis que le sucre raffiné doit être parfaitement incolore.

Cette seconde filtration se fait dans de grands cylindres ayant environ 1 mètre de diamètre et 8 mètres de hauteur : on les voit rangés en jeu d'orgue sur le dessin ci-contre.

L'usine Étienne possède 40 de ces appareils.

CUITE.— Au sortir de ces filtres, les sirops sont classés en diverses catégories suivant qu'ils sont plus ou moins décolorés, et sont emmagasinés dans d'immenses cuves.

C'est de là qu'ils se rendent dans les appareils à cuire.

Le dessin précédent montre trois de ces chaudières à cuire établies au-dessous des filtres. Nous en avons en outre représenté une séparément avec tous ses accessoires.

Cet appareil joue un rôle capital dans la raffinerie.

C'est une grande cuve en cuivre ayant 3 mètres de diamètre et 5 mètres de hauteur. Elle est recouverte de douves en bois, afin d'empêcher la déperdition de vapeur.—Au fond, est pratiquée une large tubulure par où sort la matière quand la cuite est à point. A la partie supérieure se trouve une autre tubulure qui commu-

nique avec une machine aspirante faisant le vide dans l'intérieur. Plusieurs regards en verre sont ménagés, à diverses
hauteurs, afin que l'ouvrier qui conduit l'opération puisse la
surveiller. Une sonde, pouvant faire une prise de sirop au sein
même de la masse, permet de juger si la cristallisation est
assez avancée, si la masse est *cuite*. Plusieurs serpentins, dans
lesquels circulent la vapeur, chauffent le sirop et produisent
son évaporation. Enfin, un manomètre placé en vue de l'ouvrier lui indique à chaque instant le degré du vide dans l'intérieur de la chaudière.

Usine Étienne.

Chaudière à cuire en grains.

On traite, dans chaque opération, environ 13,000 kilogrammes
de sucre, et la cuite dure 1 heure 1/2. On voit quelle force
de production possède l'usine Étienne qui dispose de trois de
ces puissants engins.

EMPLI. — La masse cuite est envoyée, au sortir de la chaudière, dans des cuves dites *réchauffoirs*, pourvues d'un double-fond où circule la vapeur. Ces réchauffoirs sont visibles, e· bas de la figure ci-contre, et les ouvriers qu'on y voit, agitent constamment la masse afin d'empêcher que, par un repos trop prolongé, elle cristallise en gros cristaux.

C'est dans ces réchauffoirs que des ouvriers viennent puiser le sirop, avec des vases en zinc assez semblables à des arrosoirs, pour en remplir les moules où se fait la cristallisation.

Les moules se faisaient primitivement en poterie. On les fait aujourd'hui en tôle ou en zinc; ils sont moins lourds et plus faciles à manœuvrer. — Ils sont percés d'un trou à la partie inférieure.

On bouche ce trou avec une cheville et on place les pains verticalement, les uns contre les autres, sur le plancher de l'atelier.

CLAIRÇAGE, ÉGOUTTAGE, SÉCHAGE. — Les moules restent dans cette position, quarante-huit heures environ ; on a soin d'en agiter ou, suivant l'expression propre, d'en *mouver* le contenu pour empêcher la formation de gros cristaux. On élève ensuite les moules, au moyen d'un monte-charge, aux étages supérieurs.

Là, on retire la cheville du bas et on replace les moules dans la même position qu'à l'empli, mais sur des planchers à claire-voie, pour faire égoutter le sirop coloré et non cristallisable qui imprègne les cristaux.

Dès qu'on juge que l'égouttage est suffisant, on verse sur la base du pain un sirop parfaitement pur et blanc, qui, en traversant la masse cristallisée, achève de la décolorer.

On sort enfin le pain de son moule et on le laisse huit jours dans une étuve chauffée à 50° pour le dessécher.

La succession de ces diverses opérations, depuis l'empli jusqu'à l'étuvage inclusivement, c'est-à-dire jusqu'à ce que le pain soit prêt à être *habillé* et livré à la vente, dure près de quinze jours, bien que l'on active l'égouttage des pains en les plaçant pendant plusieurs heures sur un appareil dit *sucettes*, où l'on produit, à travers la masse, une *succion* au moyen de machines aspirantes.

On voit de suite, par la description qui précède, l'importance des locaux et la quantité véritablement incroyable de moules qu'exige cette partie de la fabrication.— Ainsi, un matériel de 80,000 à 100,000 moules est nécessaire à l'usine Étienne, et les greniers à pains occupent six étages de l'un des plus vastes corps de bâtiment de l'usine.

ATELIER DE SUCRE SCIÉ. — La forme des pains de sucre, qui s'est conservée telle qu'elle avait été adoptée dès le principe, est motivée par la commodité de la fabrication ; elle se prête bien, en effet, à l'égouttage. Mais cette forme est très incommode pour l'entassement, soit dans les magasins, soit sur les navires, et peu commode aussi à l'usage. — Aussi la consommation tend-elle de plus en plus à demander le sucre sous des formes exactement cubiques, et les raffineries, soucieuses de satisfaire leur clientèle, ont dû faire des recherches dans ce sens.

La maison Étienne ne s'est pas laissé devancer dans cette voie ; dès 1878, elle avait exposé des cubes de 420 grammes destinés spécialement à l'approvisionnement de l'armée : 420 grammes représentent, en effet, l'unité de ration d'une escouade de 20 hommes pour 10 jours.

Outre ces formes spéciales, l'usage du sucre débité en petits morceaux réguliers se répand de plus en plus.

Mais on conçoit quel déchet occasionne le débit en morceaux *cubiques* des pains *coniques*. Aussi M. Étienne a-t-il créé pour la scierie, la fabrication des pains à base carrée.

Le sciage du sucre en petits morceaux et son emballage, dans des caisses ou en paquets de 1 kilog. constitue un atelier spécial qui occupe 150 ouvriers ou ouvrières. Son outillage mécanique comprend vingt scies pour débiter le sucre en baguettes et autant de concasseuses pour réduire ensuite les baguettes en morceaux. — L'usine Étienne produit chaque jour de 20,000 à 25,000 kilogrammes de sucre scié.

Nous n'insisterons pas, ici, sur la description des appareils de sciage et de leur fonctionnement. Nous aurons en effet occasion de revenir sur cette question et de l'exposer en détail à l'occasion de l'usine Cézard, qui s'est fait une spécialité de la fabrication du sucre scié.

Sucre comprimé. — Ce sont les poussières du sciage ou du concassage, additionnées de sucre frais.

Le mélange se fait au moyen d'un malaxeur énergique : la masse est ensuite portée sous une presse à balancier qui rappelle, comme principe, les presses servant à la fabrication de la monnaie.

L'usine possède deux de ces appareils.

Ces presses donnent des tablettes carrées ayant $0^m,20$ de côté et $0^m,03$ d'épaisseur. Après leur passage à l'étuve, elles ont une dureté suffisante pour être débitées en petits morceaux, comme on le ferait de tablettes découpées à la scie dans des pains.

Sous-produits. — Les sirops écoulés des turbines d'épuration des sucres bruts et ceux provenant de l'égouttage des pains constituent les sous-produits.

On peut à volonté :

Ou bien les soumettre une seconde, une troisième, une quatrième fois.... aux opérations déjà connues de clarification, filtration et cuite, et en retirer chaque fois du sucre en pains en quantité et qualité décroissantes ;

Ou bien les faire cuire sans les épurer, et les faire cristalliser dans des bacs pour en fabriquer des sucres de qualité inférieure dits sucres *pilés*.

Le plus souvent, on combine ces deux méthodes, et, après avoir épuisé les sirops un certain nombre de fois pour en retirer le plus possible de sucre blanc, on les emploie à la fabrication du sucre pilé.

Cette fabrication ne diffère pas, comme principe, de celle du sucre blanc ; la cuite est seulement plus longue et offre plus de difficulté à mesure que le sirop est moins pur. L'égouttage aussi est plus long, le sirop étant plus épais ; aussi est-il nécessaire, pour l'accélérer et le rendre plus complet, de recourir à des moyens mécaniques, à l'emploi de la turbine.

Nous figurons ci-dessous un de ces appareils. — A l'intérieur du premier cylindre, qui est *vu*, est un second cylindre porté

Usine Étienne.

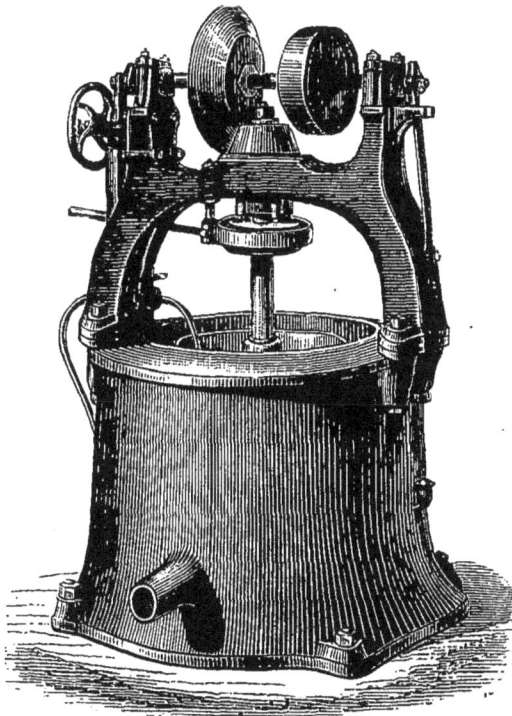

Turbine.

par l'arbre vertical de la turbine. Ce cylindre est percé sur son pourtour d'une infinité de petits trous, ou encore il est formé de toile métallique. C'est dans ce cylindre intérieur que l'on place la matière à égoutter, puis on lui imprime mécaniquement une vitesse de rotation de 1,000 à 1,200 tours par minute. La force centrifuge presse fortement la matière contre la paroi à jour du cylindre tournant; les cristaux de sucre sont retenus par cette paroi, mais le sirop non cristallisé la traverse et passe dans le cylindre extérieur d'où il s'échappe par une tubulure que montre le croquis, pour se rendre dans des cuves où on l'emmagasine.

Après quelques minutes de rotation (plus ou moins suivant la consistance du sirop à éliminer), on retire de la turbine une masse déjà dure, formée de cristaux conservant encore assez de sirop pour les agglomérer, et aussi pour les colorer. Ce sont les *vergeoises*. On les classe en diverses qualités d'après leur nuance.

Les vergeoises sont vendues en sacs. Elles remplacent avec avantage les sucres bruts, pour tous les usages où la pureté et la blancheur ne sont pas indispensables.

Revivification du noir animal. — Nous avons vu que le noir animal en grains absorbe, dans les filtres, la matière colorante des sirops. Cette propriété n'est pas illimitée; le noir se sature bientôt, et dès lors n'a plus d'action.

Mais on peut lui rendre, par un traitement convenable, cette propriété décolorante qu'il a perdue, c'est-à-dire le *revivifier*.

Au sortir des filtres, on l'enmagasine dans de grandes cuves en tôle ayant environ 6 mètres de profondeur et 5 mètres de diamètre. Puis, après l'avoir lavé, pour en retirer le sucre qu'il contient, on le laisse fermenter pendant 7 à 8 jours à la température de 30° centigrades, afin de détruire les matières organiques qu'il a absorbées.

Après cette fermentation, on le lave à nouveau, et on le porte dans des fours où on le calcine à la température du rouge sombre.

Nous avons figuré l'intérieur d'une partie de l'atelier de revivification du noir animal à l'usine Étienne. Cet atelier comprend 10 grandes cuves en tôle. Au-dessus de ces cuves, court

Raffinerie de Nantes.

Atelier de revivification du noir animal.

le long de l'atelier, outre une conduite de distribution d'eau, une sorte de petit chemin de fer sur lequel roulent des caisses à bascule servant à transporter le noir, des filtres dans les cuves.

Chaque cuve porte à sa partie inférieure un tampon; c'est par là que sort le noir après sa fermentation; on le reçoit dans un wagonnet qui le conduit à l'extrémité de l'atelier dans une fosse où le prend une noria pour l'élever et le distribuer dans les fours. — Le croquis représente, outre les cuves, deux de ces fours, installés dans la même halle. Les autres fours sont dans une autre halle, accolée à celle que nous avons figurée, et de mêmes dimensions.

Au sortir des fours, le noir est encore lavé à la vapeur dans un cylindre en tôle. Enfin on le fait sécher, puis passer dans un appareil où il est soumis à l'action d'un courant d'air assez énergique pour entraîner les fines poussières qui se sont formées dans les diverses opérations ci-dessus décrites, et qui ne doivent pas aller dans les filtres, où elles gêneraient la filtration des sirops.

USINE A GAZ. — L'établissement Étienne possède une usine à gaz spécialement affectée à son éclairage; on peut juger, par cela seul, de son importance. — Cette usine, déjà presque insuffisante, et que l'on se dispose à agrandir, comprend cependant deux fours de trois cornues chacun, et un gazomètre.

§ III. — Description de l'usine Cézard.

L'usine Cézard n'a pas la même puissance de production que la précédente; elle raffine en moyenne 25,000 kilog. de sucre par jour.

Elle est aussi de fondation moins ancienne. Mais le nom de Cézard jouit depuis longtemps d'une notoriété et d'un crédit considérables dans toutes les sphères où l'on s'occupe d'armement, du commerce des denrées coloniales et du sucre en particulier.

L'usine Cézard est construite sur le territoire de Chantenay, petite commune de la banlieue de Nantes, qui aujourd'hui ne fait plus qu'un avec la ville, et s'y relie par de nombreux et faciles moyens de communication : routes, tramways et chemin de fer.

Au point de vue industriel, elle est dans une situation tout aussi avantageuse que l'usine Étienne : sur un bras de la Loire, près de la gare maritime de Nantes, et à 50 mètres de la station de Chantenay, sur la voie ferrée de Nantes à Saint-Nazaire.

Raffineries de Nantes.

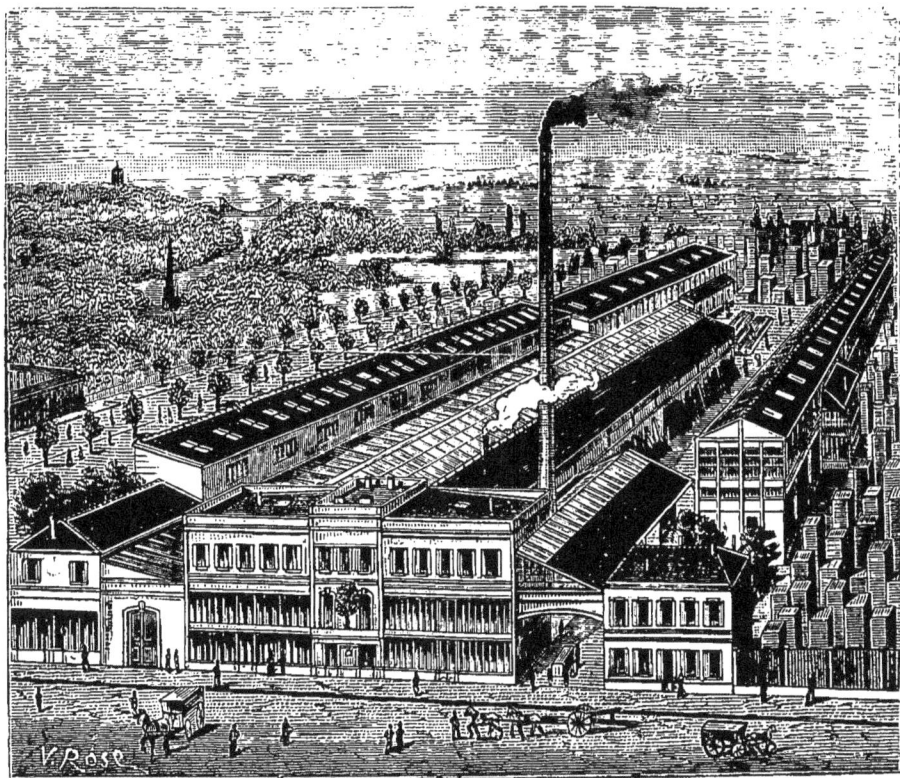

Vue à vol d'oiseau de l'usine Cézard.

Elle occupe 80 ouvriers, y compris 30 femmes pour l'atelier de sciage ; elle est desservie par une force motrice de 80 chevaux.

Il serait sans intérêt de reprendre, à propos de cette usine, les descriptions de détail auxquelles a donné lieu l'usine Étienne.

Nous passerons donc rapidement sur la réception des sucres bruts, leur fonte, leur clarification et double filtration, leur cuite (toutes opérations pour lesquelles l'usine Cézard est, en proportion de sa production, aussi ingénieusement et puissamment outillée que l'usine Étienne), et nous arriverons de suite à la description d'un procédé spécial de fabrication du sucre scié, procédé ingénieux et plein d'avenir.

ATELIER DE SUCRE SCIÉ. — Dans ce procédé particulier, le sucre destiné à être débité, par la scie, en petits morceaux réguliers, est préparé non plus en pains, mais sous forme de tablettes ayant environ $0^m,03$ d'épaisseur et $0^m,20$ de dimension de chaque côté.

On y trouve un double avantage : 1° faire moins de déchets que par le sciage des pains ronds ; 2° appliquer à la fabrication de ces tablettes des procédés beaucoup plus rapides que ceux que nous avons décrits pour la fabrication des pains.

La série des opérations est d'ailleurs la même dans les deux cas ; elle ne diffère que par une plus grande rapidité.

Au fond de l'atelier, figuré ci-contre, on aperçoit deux appareils à cuire et, au-dessous, deux réchauffoirs qui reçoivent la masse cuite. — Jusque-là aucune différence avec ce que nous avons vu à l'usine Étienne.

Mais au lieu de moules coniques pour recevoir le sirop, on emploie des moules cubiques divisées intérieurement en 10 compartiments égaux, de telle sorte que chacune d'elles contient 10 tablettes ayant les dimensions indiquées.

On superpose 6 de ces moules les uns aux autres ; on remplit les piles, ainsi formées, avec la masse cuite prise dans les réchauffoirs, et on laisse cristalliser.

La cristallisation se fait en 12 heures environ. On sépare alors les moules et on les élève, au moyen d'un monte-charge mécanique, à l'étage supérieur où ont lieu les manipulations subséquentes.

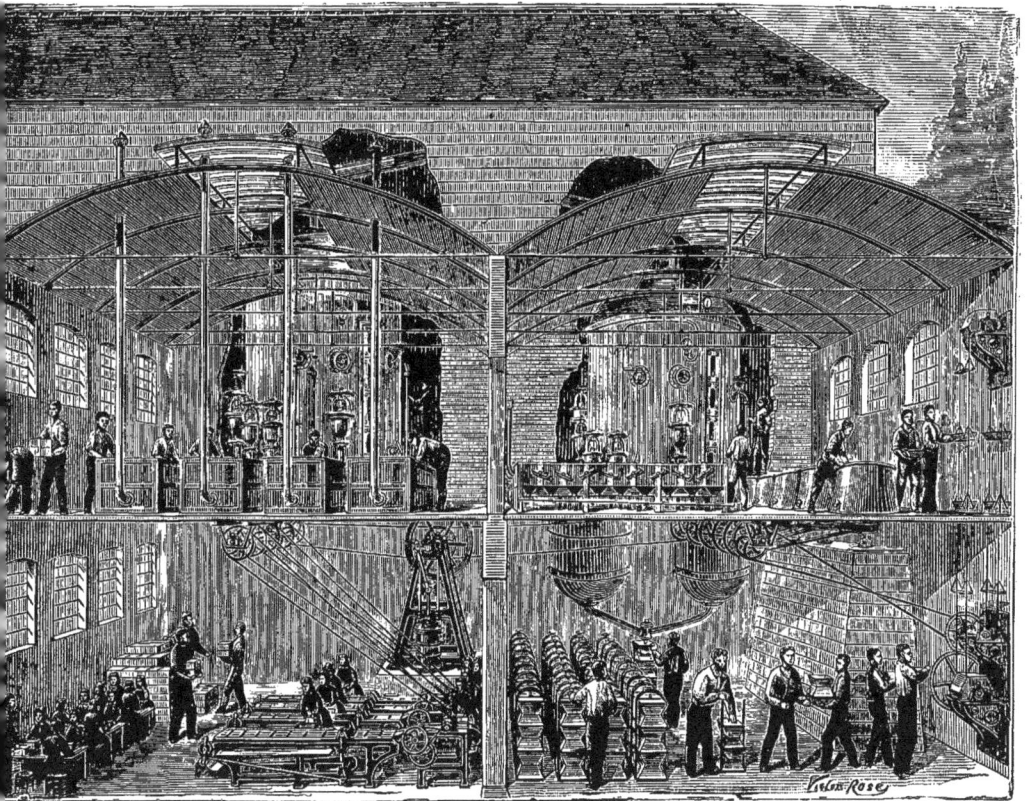

Atelier de sucre scié de l'usine Cézard.

L'égouttage naturel, qui est très lent, est remplacé par l'égouttage à la turbine. Les turbines employées à ce travail ne diffèrent de celle que nous avons décrite que par une disposition de détail permettant de placer les moules mêmes à l'intérieur.

Après l'égouttage, le *clairçage*, lui aussi, est accéléré par des moyens mécaniques. On se rappelle que le clairçage consiste à faire traverser la masse de sucre par un sirop bien clair et transparent qui entraîne et chasse le sirop coloré qui aurait pu rester entre les cristaux après l'égouttage. On fait entrer ce sirop, par pression, par l'une des extrémités des tablettes; il sort par l'autre extrémité.

On sort ensuite les tablettes de leurs moules. On renvoie les moules à l'étage inférieur où on reforme les piles pour recommencer l'empli, et on met sécher les tablettes dans des *étuves*. Ce sont de grandes caisses en tôle, dans lesquelles on fait circuler un courant d'air chassé par un ventilateur et chauffé à la vapeur.

Au sortir de l'étuve, les tablettes sont livrées à la scierie pour être débitées.

On appréciera combien est avantageux le procédé que nous venons de décrire, lorsque nous aurons dit que l'ensemble de ces opérations, depuis le remplissage des moules jusqu'à l'envoi des tablettes à la scierie, exige moins de 48 heures, au lieu de 15 jours que demande la fabrication complète des pains.

On voit quelle économie est ainsi réalisée dans le local nécessaire, dans le matériel des moules et surtout dans les capitaux immobilisés sous forme de matières en cours de fabrication. L'on ne saurait trop féliciter M. Cézard de l'empressement qu'il a mis à acquérir, avant tous ses concurrents français, le droit à l'usage de ce brevet, dont M. Langen est l'inventeur. Quelque temps après, la maison Say, de Paris, appréciant toute la valeur du procédé, en a acheté le privilège pour la France entière, à l'exception de la seule usine Cézard qui avait des droits antérieurs.

Aussi est-ce spécialement sur cette fabrication de sucre scié que la nouvelle Société des raffineries Étienne et Cézard va pouvoir faire porter, dans des conditions exceptionnellement avantageuses, l'augmentation de production que lui promet le dégrèvement.

SCIAGE DES TABLETTES. — Le débit des tablettes, en petits morceaux réguliers, se fait d'une manière automatique, au moyen d'un appareil des plus ingénieux.

En tête de l'appareil est une scie circulaire, composée de plusieurs lames parallèles plus ou moins écartées, suivant la grosseur que l'on veut donner aux morceaux.

La tablette, placée en avant de cette scie, en est approchée mécaniquement, et passe entre les lames, d'où elle sort divisée en autant de baguettes qu'il y a de lames.

Ces baguettes sont rangées sur une table sans fin, automotrice, et passent sous un couteau qui les débite en morceaux. Dans l'intervalle de deux coups frappés par le couteau, la table a avancé d'une quantité que l'on peut régler à volonté, et qui détermine, on le comprend, l'épaisseur même des morceaux.

Une ouvrière prend enfin les morceaux sur la table et les range dans des caisses, en laissant de côté tous ceux qui n'ont pas une forme parfaitement régulière ou une blancheur absolue ; ces déchets sont reçus dans une boîte à l'extrémité de la table.

Chacune de ces machines débite 5,000 kilog. de sucre par jour.

§ IV. — Docks.

Le raffineur n'est pas seulement un industriel, c'est aussi un commerçant. Les variations des cours des sucres bruts, aussi bien que des raffinés, variations qu'il lui importe de suivre avec une grande attention, l'obligent à avoir des approvision-

Raffineries de Nantes.

Machine à scier et casser le sucre (Usine Cézard).

nements parfois considérables, soit en matières premières, soit en produits fabriqués.

En prévision de cette nécessité, la Société s'est assuré la jouissance exclusive de vastes magasins (1) construits sur le bras

Raffineries de Nantes.

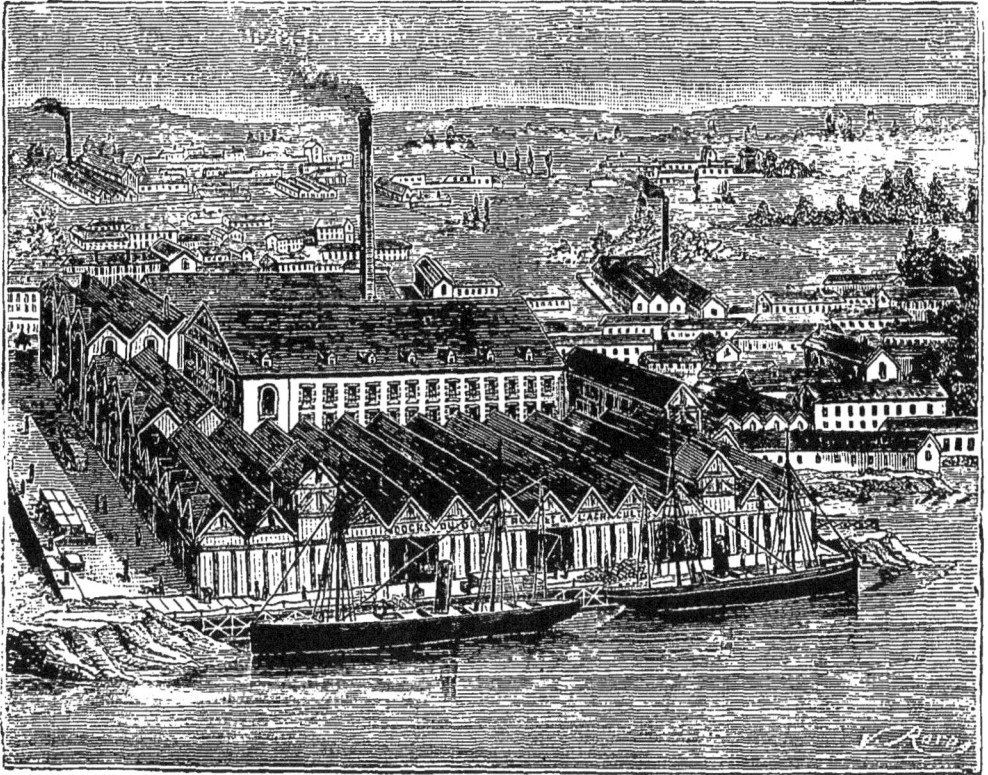

Vue à vol d'oiseau des docks.

le plus important de la Loire et devant lesquels arrivent à quai des vaisseaux du plus fort tonnage. Ces docks sont situés à

---

(1) Ces lignes étaient écrites lorsqu'un incendie tout récent, dont le lecteur a sans doute conservé le souvenir, a détruit entièrement ce magasin. — La Société des raffineries de Nantes ne pouvait en éprouver aucun préjudice, pas plus pour l'immeuble dont elle n'avait pas la propriété que pour les marchandises, dont la valeur était couverte par des assurances. — L'on s'occupe activement de rétablir ces magasins sur des plans nouveaux et avec des agencements plus commodes.

proximité de l'usine Étienne et à peu de distance de l'usine Cézard.

Ils occupent une superficie de 3,500 mètres carrés, dont une partie est couverte de bâtiments à trois étages. Ils sont pourvus de tous les engins mécaniques nécessaires pour la manutention des fardeaux : *grues, monte-charge, ascenseurs*, etc. ; tous ces engins sont mus par une machine à vapeur.

La direction commerciale, les services des achats et des expéditions y sont concentrés dans des bureaux parfaitement installés.

C'est là qu'arrivent, des colonies, des navires entièrement chargés de sucre brut, et qui repartent pour l'Angleterre, l'Amérique... remportant, raffinés, des produits qui n'ont fait que toucher le sol français.

Parmi les vaisseaux spécialement affectés à ce service, nous pouvons citer le *Jean-Baptiste Say*, vapeur de 400 tonneaux, qui est la propriété de M. Émile Étienne, l'un des fondateurs de la Société.

CHAPITRE III

Écoulement des produits fabriqués.

§ I. — Consommation française.

En France, nous consommons approximativement 7 kilogrammes de sucre, en moyenne, par tête et par an.

En Angleterre, on en consomme 30 kilogrammes.

Le rapprochement de ces deux chiffres indique tout le chemin qui nous reste à parcourir, en supposant même que la consommation anglaise ait atteint son maximum, ce qu'aucun indice ne peut faire supposer, bien au contraire.

On a objecté que l'Angleterre est un pays froid, où l'usage des boissons chaudes est plus répandu qu'en France, et que, par suite, la consommation du sucre y sera toujours inévitablement plus importante. — Cette prétendue relation entre le climat d'un pays et sa consommation en sucre ne repose sur aucun fondement, et les pays où cette consommation atteint son maximum sont précisément des pays chauds, l'Australie, par exemple, et plusieurs États de l'Amérique du Sud, où l'on consomme 50 kil. par tête, tandis qu'en Allemagne on n'a pas encore dépassé $6^k,700$, et en Russie $2^k,500$.

Il faut le reconnaître, le sucre n'est plus une consommation de luxe. Renfermant les mêmes éléments essentiels, le carbone en particulier, que l'alcool, sans en avoir les effets nuisibles, il peut, en beaucoup de cas, le suppléer avec tout avantage. Il est devenu une denrée nécessaire, il pénètre partout, et le chiffre de sa consommation dépend uniquement de son prix de vente et du degré de bien-être matériel des populations.

Le prix de revient du sucre varie dans de faibles limites d'une nation à l'autre (en Europe du moins); ce qui varie considérablement c'est l'impôt dont il est chargé. Si la consommation anglaise dépasse toutes les autres, cela provient bien, sans doute, de ce que la proportion des ouvriers d'industrie à celle des paysans y est plus forte que partout ailleurs (et l'on sait que les premiers consomment davantage), mais il faut aussi l'attribuer à ce que l'Angleterre a pu supprimer entièrement l'impôt sur le sucre.

Nous empruntons à l'ouvrage déjà cité de M. Bivort deux tableaux graphiques dont la comparaison fera bien ressortir l'influence de l'impôt sur la consommation.

En 1860, l'impôt sur le sucre était plus élevé en Angleterre qu'en France. Mais, tandis que les Anglais ont été sans cesse en dégrevant, jusqu'à suppression complète de tous droits, des nécessités budgétaires nous ont fait suivre un mouvement inverse. — Ainsi s'explique l'augmentation rapide de la consommation anglaise, tandis qu'en France elle reste à peu près stationnaire.

Chacun sait que les excédents de recettes viennent enfin de permettre de commencer en France un large dégrèvement. Depuis le 1er octobre 1880, l'impôt sur le sucre a été abaissé de 73 fr. 32 c. à 40 francs par 100 kilos de sucre raffiné.

L'effet de cette mesure sur la consommation est certain; il peut en quelque sorte être calculé d'avance. — Les prévisions officielles estiment que l'augmentation sera de 40 0/0 dans les deux premières années qui suivront. Il suffit de considérables augmentations produites en Angleterre par de bien moindres dégrèvements, et de voir notre courbe des consommations écrasée pour ainsi dire sous le poids d'un impôt exagéré, pour comprendre que ces prévisions ne peuvent être soupçonnées d'exagération.

CONSOMMATION EN ANGLETERRE

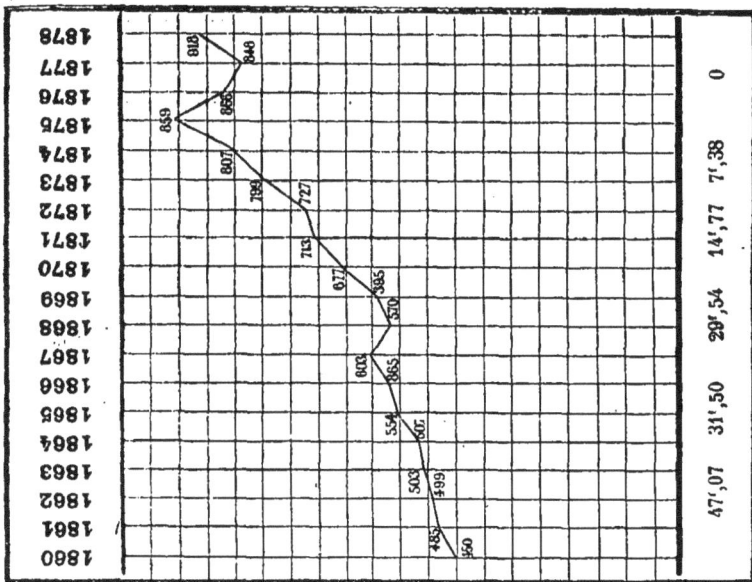

Années : 1860 1861 1862 1863 1864 1865 1866 1867 1868 1869 1870 1871 1872 1873 1874 1875 1876 1877 1878

Valeurs : 450 485 499 503 505 554 665 603 570 585 677 713 727 798 807 859 865 846 818

Tonnes : 1.000.000 950.000 900.000 850.000 800.000 750.000 700.000 650.000 600.000 550.000 500.000 450.000 400.000 350.000 300.000 250.000 200.000 150.000 100.000

Impôts..... : 47',07   31',50   29',54   14',77   7',38   0

CONSOMMATION EN FRANCE

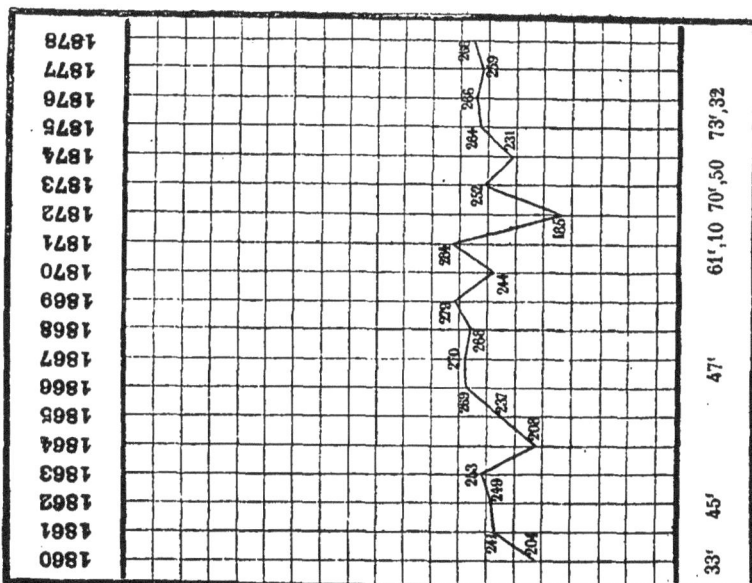

Années : 1860 1861 1862 1863 1864 1865 1866 1867 1868 1869 1870 1871 1872 1873 1874 1875 1876 1877 1878

Valeurs : 204 241 249 263 208 237 269 268 270 278 244 284 105 252 231 284 265 259 266

Tonnes : 550.000 525.000 500.000 475.000 450.000 425.000 400.000 375.000 350.000 325.000 300.000 275.000 250.300 225.000 200.000 175.000 150.000 125.000 100.000

Impôts..... : 33'   45'   47'   61'10   70'50   73'32

D'ailleurs, nous avons à invoquer mieux que des prévisions. D'après la déclaration même qui a été portée à la tribune de la Chambre des députés par M. le ministre des finances, la moins-value effective, prévue à 15 millions, pour le dernier trimestre de l'exercice 1880, sur le rendement de l'impôt du sucre, depuis sa réduction, n'a atteint que 2 1/2 millions pour les deux premiers mois, c'est-à-dire qu'elle ne dépasserait pas 4 millions pour le trimestre !

La philosophie qui se dégage de ce résultat est très claire. C'est que les droits sur les sucres ayant été réduits de 50 0/0 en moyenne, c'est-à-dire ramenés de 30 millions à peu près pour le trimestre à 15 seulement, il a fallu, pour les faire remonter à 25 et même 26, que la consommation subisse un accroissement des deux tiers. Sans doute, il y a bien eu un surcroît forcé de production, en raison du ralentissement qui s'était produit avant le dégrèvement : il a bien fallu réparer ce chômage. Mais ce n'est là qu'une faible part du développement que nous enregistrons, et qui est dû presque entièrement à la progression manifeste de la consommation, progression qui ne cessera de s'accroître avec le temps. Le sucre est, en effet, une matière de première nécessité, susceptible des usages et des emplois les plus divers, et dont la consommation, à ce point de vue, est sans limites.

§ II. — Exportation.

La France exporte plus du 1/3 de sa production en sucre raffiné. Voici quels ont été, pour 1869 et 1879, les principaux centres d'exportation :

		1869	1879
Angleterre	Tonnes	24.682	70.712
Italie.		15.702	5.386
Suisse		7.737	13.296
Russie		1.755	5.786
A reporter		49.876	95.180

	1869	1879
Reports.	49.876	95.180
Turquie.	17.464	6.293
Égypte	3.059	3.722
États Barbaresques	1.478	5.454
Amérique du Sud	8.943	10.026
Algérie.	6.398	9.429
Autres pays.	10.369	3.954
Ensemble. . . . Tonnes	97.587	144.058

Observons de suite que l'augmentation de l'exportation porte principalement sur les pays naturellement desservis par le port de Nantes, tandis que pour l'Italie et la Turquie, par exemple, qui sont tributaires du port de Marseille, l'exportation diminue.

Or, pour l'exportation comme pour l'importation des sucres exotiques, Nantes est, par rapport à Paris, dans une situation de supériorité qui se chiffre par le prix de transport du sucre raffiné de Paris à Nantes ou au Havre.

Comme la consommation locale, l'exportation du sucre est appelée à augmenter.

Nous avons en effet comme concurrents, pour l'alimentation des pays non pourvus de raffineries : la Belgique, la Hollande, l'Allemagne et l'Autriche. — L'Angleterre ne produit pas de sucre, la Russie suffit à peine à sa consommation, l'Italie ne possède qu'une seule raffinerie, à Gênes. Nous avons ainsi avantage de situation.

Malheureusement, dans les cinq pays producteurs de sucre, il existe, non pas de nom, mais de fait, une prime à l'exportation. Sans entrer dans les détails assez complexes de cette question, il nous est facile de faire comprendre en quoi elle consiste essentiellement.

La production, aussi bien que l'importation du sucre brut, est frappée d'un impôt, et lorsque le raffineur exporte, on lui restitue, sur le sucre raffiné exporté, une somme calculée de telle manière qu'elle soit la représentation de l'impôt supporté par le sucre brut qui a servi à fabriquer ce sucre raffiné exporté.

Mais chez nos concurrents la somme restituée est établie de telle manière qu'elle surpasse généralement l'impôt payé. La différence est bien une véritable prime à l'exportation.

En France, cette prime est insignifiante, et l'un des effets du dégrèvement est de la diminuer encore ; il est incontestable qu'il n'en est pas de même chez nos concurrents, et surtout en Autriche où la prime égale chaque année le montant total de l'impôt perçu sur le sucre brut, de sorte que tout le sucre consommé dans le pays est ainsi, en réalité, exempt d'impôt.

C'est là, évidemment, une situation anormale qui doit inévitablement disparaître tôt ou tard par une meilleure assiette de l'impôt. Ce jour-là, la France recueillera tous les bénéfices de son excellente situation pour le raffinage et l'exportation du sucre, bénéfices qui sont aujourd'hui neutralisés par ces primes déguisées.

L'Angleterre, cela ressort du précédent tableau, est actuellement le principal marché d'exportation des sucres français ; c'est un marché acquis, par sa situation géographique, aux raffineries de Nantes, particulièrement les régions de l'Est, le Cornwal, le pays de Galles, l'Irlande. C'est aussi dans ces régions que la Société des anciennes Raffineries Étienne et Cézard compte étendre le rayon de ses affaires ; elle se dispose à y créer 12 nouvelles agences.

CHAPITRE IV

Conditions économiques et financières de la Société.

Les résultats économiques produits par la Société anonyme des anciennes Raffineries Étienne et Cézard de Nantes sont de deux sortes: ils sont *généraux* ou *particuliers*, suivant que l'on considère l'intérêt général ou l'intérêt propre des actionnaires.

1° Résultats généraux.

Ceux-ci intéressent diverses branches de la production et spécialement l'agriculture.

L'industrie du sucre est en effet une industrie *mère* si on veut bien nous permettre l'expression. Son importance économique embrasse à la fois l'agriculture par la culture de la betterave et les engrais qu'elle lui fournit, la marine marchande qui l'alimente de matières premières en même temps qu'elle écoule ses produits, les diverses industries qui lui fournissent son matériel, etc.

Aussi la prospérité d'un pays est-elle étroitement liée à la grande production du sucre: c'est là un résultat qui a été reconnu de tout temps. Ainsi, lors du blocus continental, Napoléon, visant à tuer la puissance commerciale de l'Angleterre, s'efforçait de lui enlever le commerce et les transports du sucre des colonies; ainsi l'Angleterre amenée, il y a quèlques années à faire emploi d'excédents disponibles, s'empressait de les affecter au dégrèvement des sucres, de préférence au dégrèvement des al-

15

cools : elle y gagnait le bénéfice de l'accroissement de transports maritimes d'une grande importance, prenant ainsi le
contre-pied des efforts tentés par Napoléon à son détriment.

Ajoutons que tout récemment nous avons exactement suivi
les mêmes errements, avec plus de raisons encore : le Parle-
ment a décrété le dégrèvement des sucres dans une plus large
proportion que celui des vins.

C'est qu'en effet un dégrèvement de 0,05 centimes par litre
de vin est certainement une bonne chose, mais pour les consommateurs seulement. La France en produira-t-elle plus de
vin, la richesse publique s'en accroîtra-t-elle dans une grande
proportion? Non, évidemment.

Voyons, au contraire, les conséquences du dégrèvement des
sucres.

La consommation s'en accroît en quelque sorte sans limites ;
la production suivra, et avec elle les cultures perfectionnées et
fructueuses : celle de la betterave comme conséquence directe, et
nombre d'autres comme conséquence indirecte, du fait de l'utilisation de la pulpe qui contribue à l'alimentation des bestiaux
et la multiplication des engrais. En ce moment où la culture
des céréales en France lutte si péniblement avec les importa-
tions américaines, il importe d'aider au développement des
cultures qui n'ont rien à craindre de l'étranger ; celle de la
betterave est dans ce cas, et l'importance de ce fait est telle,
que, pour qui sait prévoir, un nouveau dégrèvement du sucre
s'impose à bref délai, presque comme une mesure de salut
public.

On voit l'importance de la part de l'agriculture dans la production du sucre.

Celle de notre marine et en général de nos voies de transports ne sont pas de moindre valeur, soit qu'elles amènent des
colonies les produits de la canne à sucre, ou des lieux de production les matières premières des sucreries, en particulier la
betterave, soit qu'elles répartissent les produits fabriqués et
surtout qu'elles les réexportent. On peut dire à cet égard que

les raffineries Étienne et Cézard sont la fortune de la ville de Nantes.

Ces bénéfices multiples s'augmentent avec la production, qui elle-même se développe au fur et à mesure de l'abaissement des prix de vente et des dégrèvements dont les droits qui frappent le produit sont l'objet. La réduction, dans ce cas, va même plus loin que la proportion même du dégrèvement.

Les Raffineries sont tenues en effet d'acquitter les droits par anticipation : la réduction de la quotité de ces droits se traduit aussitôt par le bénéfice de l'intérêt du capital de roulement affecté à cet emploi, par celui des droits de timbre correspondants, etc.

Qu'on juge de l'importance de ce bénéfice : le dégrèvement qui vient d'être effectué, se traduit, pour les seules raffineries Étienne et Cézard, par un chiffre qui n'est pas inférieur à 240,000 francs par an.

Le dégrèvement a un effet non moins direct sur l'ensemble de la production. Avec le développement continu de la consommation qui en est la conséquence, les usines n'ont plus à se préoccuper de l'écoulement de leurs produits ; elles le savent assuré et peuvent ainsi donner le plein de leur production, d'où résulte la réduction des frais généraux, l'absence de chômage, la régularité des prix, l'augmentation des dividendes, etc.

Voilà pour l'intérêt général ; voyons maintenant l'intérêt particulier, c'est-à-dire les bénéfices que les actionnaires sont en droit d'attendre de leur participation dans la Société.

2° Constitution de la Société des anciennes Raffineries Étienne et Cézard, de Nantes.

La Société anonyme des anciennes Raffineries Étienne et Cézard, de Nantes, a été constituée au *capital de 10,000,000 de francs*, divisé en 20,000 actions de 500 francs chacune.

Sur ces 20,000 actions, 15,000, représentant un capital de 7,500,000 francs, ont été attribuées à MM. Étienne et Cézard, en représentation de la valeur des usines, terrains, constructions, matériel, outillage, appropriations, clientèle et marques industrielles.

Les 5,000 actions disponibles, représentant un capital de 2,500,000 francs, sont destinées à la formation du fonds de roulement.

La mise en société des usines appartenant à MM. Étienne et Cézard n'a pas été, pour ces messieurs, l'occasion de se dérober, en réalisant le capital de leurs usines en un moment opportun, c'est-à-dire au moment du dégrèvement des sucres, appelé à donner aux raffineries un surcroît de prospérité. Toutes dispositions pour la formation de la Société étaient bien et dûment arrêtées avant que la loi de dégrèvement vînt en discussion et, d'ailleurs, ils ont tenu à ce que la Société, bien qu'anonyme, fût désignée sous leurs noms. Ils ont si peu songé, ils songent si peu à se désintéresser de ses opérations et de son avenir, que M. Étienne est président du Conseil d'administration, et que M. Cézard en est admnistrateur délégué. N'endossent-ils pas ainsi, sinon la responsabilité matérielle, tout au moins la responsabilité morale du succès?

Ainsi dirigée, la Société des anciennes Raffineries Étienne et Cézard, créée franche de dettes et dotée d'un capital de roulement qui peut satisfaire à tous les besoins, est à même de produire 150,000 kil. de sucre par jour, soit par an 45 à 50,000 tonnes correspondant à un chiffre d'affaires de 130 à 140,000 francs par jour, c'est-à-dire 50 millions par an. On peut juger par ces chiffres que l'importance du capital de roulement est bien en rapport avec l'importance des établissements décrits précédemment.

La Société, nous l'avons dit, a été créée franche de toutes dettes; les actionnaires sont bien les seuls propriétaires des usines fusionnées, et l'on peut juger, d'après les renseignements qui précèdent, si leur argent est bien placé. On remarquera que le dégrèvement du sucre, qui a coïncidé avec la formation de la Société, tout au moins qui l'a suivie de près, ajoute à la valeur des établissements : en donnant un vif élan au développement de l'industrie sucrière dans l'ouest de la France, il se traduira par un excédent du chiffre d'affaires et en thèse générale par un excédent de bénéfices.

Dans l'état actuel, et en ne tenant compte que des précédents, on voit qu'il suffit, pour assurer au capital une rémunération de 10 0/0, de réaliser, déductions faites des retenues pour réserves, etc., un bénéfice net de 2 0/0 du chiffre d'affaires. Mais c'est là une évaluation trop étroite et qui est en contradiction avec les faits; le dernier exercice qui a précédé la formation de la Société a donné, en effet, pour les deux usines, un chiffre minimum de 1,500,000 francs, soit 3 0/0 du chiffre d'affaires évalué ci-dessus comme le minimum du chiffre de la production.

L'industrie de la raffinerie est sujette, il est vrai, à des variations assez importantes d'une année à l'autre, et conséquemment à des variations de bénéfices. Les fondateurs ne se font à cet égard aucune illusion, et en prévision d'éventualités défavorables, ils ont inséré, dans les statuts, les articles 44 et 47 : le premier stipule une retenue de 15 0/0, à titre de fonds de prévoyance, sur les produits nets, déduction faite d'une réserve de 5 0/0 et d'une première attribution de 6 0/0 au capital; le second règle la formation de ce fonds de prévoyance et l'affectation des sommes dont il se compose.

Le but que se sont proposé les fondateurs, en introduisant ces diverses clauses dans les statuts, a été de *stabiliser* le revenu des actions au chiffre de 50 francs. Les bonnes et les mauvaises années se prêteront ainsi un mutuel appui, et les actionnaires traverseront les moments difficiles, s'il s'en présente, sans avoir d'inquiétude sur le dividende. Le songe des sept vaches grasses et des sept vaches maigres est toujours de saison et résume encore la meilleure, quoique la plus ancienne des doctrines économiques.

L'INDUSTRIE DES MATÉRIAUX DE CONSTRUCTION

LES CARRIÈBES ET USINES

DE LA

SOCIÉTÉ ANONYME

DES

CHAUX HYDRAULIQUES ET CIMENTS

DE BEFFES (Cher)

SOCIÉTÉ ANONYME

DES

CHAUX HYDRAULIQUES ET CIMENTS

DE BEFFES (Cher)

CAPITAL SOCIAL : 1,250,000 FRANCS

Divisé en 2,500 actions de 500 francs, entièrement libérées

SIÈGE SOCIAL : 50, RUE DE MAUBEUGE, PARIS

CONSEIL D'ADMINISTRATION

MM. **MANIGLER**, Ingénieur civil des Mines, *Président.*

DAUMY, Conseiller général du Cher, *Directeur.*

PIALA, Ingénieur, *Administrateur-délégué.*

LES CARRIÈRES ET USINES

DE LA

SOCIÉTÉ ANONYME

DES

CHAUX HYDRAULIQUES ET CIMENTS

DE BEFFES (Cher)

CHAPITRE PREMIER

Définitions.

Chaux. — L'industrie offre peu de produits qui soient aussi universellement employés que la chaux, soit qu'elle entre dans les constructions, dont elle est un élément essentiel, soit qu'on l'ajoute à un sol qui en est dépourvu, pour augmenter sa fécondite.

La chaux s'obtient par la cuisson du calcaire ou pierre à chaux, matière première que la nature a répandue en grande abondance dans les profondeurs du sol.

Chimiquement, le calcaire est un carbonate de chaux qui se décompose sous l'action de la chaleur : l'acide carbonique se dégage, et la chaux reste dans le four comme résultat de l'opération.

A sa sortie du four, la chaux est dite *chaux vive*. Si on la plonge dans l'eau ou simplement qu'on l'arrose, elle se boursoufle et se délite avec un dégagement de chaleur qui produit une sorte d'ébullition : elle est alors dite *chaux éteinte*. Elle reste en poudre si on l'a seulement mouillée légèrement; elle se met sous forme d'une bouillie plus ou moins épaisse si on l'additionne d'une grande quantité d'eau.

La chaux vive s'emploie pour les usages de l'agriculture, et la chaux éteinte, pour la confection des mortiers de construction.

On classe les chaux en trois catégories :

1° *Chaux grasses.* — Ce sont celles qui, lorsqu'on les plonge dans l'eau, foisonnent beaucoup et se résolvent en une pâte fine, en produisant une ébullition assez active.

Ces chaux durcissent à l'air; mais, si on les abandonne dans l'eau, elles s'y délaient et s'y dissolvent au lieu de durcir.

Elles proviennent d'un calcaire pur, ou à peu près pur.

2° *Chaux maigres.* — Ce sont celles qui, par addition d'eau, se résolvent en une pâte courte, peu liante et se boursouflant peu.

Comme les précédentes, elles durcissent à l'air, mais se délaient dans l'eau.

Elles sont produites par un calcaire chargé de sable fin.

3° *Chaux hydrauliques.* — Elles se comportent, à l'extinction, comme les chaux maigres, mais s'en distinguent essentiellement en ce qu'elles possèdent la propriété de durcir aussi bien sous l'eau qu'à l'air libre.

On les obtient par la cuisson d'un calcaire mélangé d'argile dans une proportion convenable.

Toutes les chaux dites hydrauliques ne possèdent pas au même degré la propriété de durcir sous l'eau. Le moyen employé par les ingénieurs pour s'en assurer, c'est-à-dire pour apprécier la qualité d'une chaux hydraulique, est des plus simples, et l'appareil qu'ils emploient est si peu compliqué que chacun peut aisément s'assurer de la qualité de la chaux qu'il achète.

On opère sur une petite quantité de la chaux à essayer ; on la délaie dans de l'eau de manière à former une pâte épaisse, et l'on en remplit un verre à moitié. On achève de remplir avec de l'eau, et on laisse le durcissement se faire en ayant soin de ne pas agiter.

En pressant avec le doigt sur la surface de la chaux, on juge quand son durcissement commence à devenir sensible.

Pour le mesurer avec précision, on emploie une aiguille à tricoter ordinaire, de 1 millimètre de diamètre ; on lime bien carrément une de ses extrémités, et à l'autre extrémité on applique une petite masse de plomb du poids de 300 grammes.

On pose l'extrémité libre de l'aiguille sur la surface de la chaux, en ayant soin de la maintenir dans une position bien verticale, et de bien laisser porter tout le poids sur la base. Suivant que l'aiguille, dans ces conditions, pénètre la masse de chaux, ou marque seulement sa place sur la surface, ou ne l'attaque aucunement, on juge de la dureté du mortier.

Une chaux est dite *éminemment hydraulique* lorsqu'elle durcit ou, en terme du métier, *fait prise* du deuxième au sixième jour qui suit son immersion dans l'eau, et acquiert une dureté telle qu'un choc la brise en éclats.

Une chaux *faiblement hydraulique* ne fait prise que du neuvième au quinzième jour ; et sa dureté ne dépasse jamais celle d'un morceau de savon.

La première provient d'un calcaire contenant de 17 à 20 ou 21 0/0 d'argile ; la deuxième de 12 à 15 0/0. — Les proportions d'argile intermédiaires donnent, après la cuisson, des chaux d'hydraulicité moyenne.

CIMENTS. — Lorsque la proportion d'argile dans le calcaire s'élève au-dessus de 20 ou 21 0/0, sa cuisson donne un produit de propriétés toute différentes, que l'on appelle le *ciment*.

Plongé dans l'eau ou arrosé à sa sortie du four, le ciment ne fuse pas, comme fait la chaux, c'est-à-dire ne se réduit pas en poussière. Il ne subit aucune modification.

Mais si on le traite à la manière du plâtre, c'est-à-dire si on le broie en poudre fine et qu'on le gâche avec de l'eau, il durcit avec une rapidité d'autant plus grande que la proportion d'argile est plus forte.

On distingue deux qualités bien différentes de ciment.

Le ciment *à prise lente*, extrait d'un calcaire contenant de 21 à 22 0/0 d'argile.

Le ciment *à prise rapide*, provenant d'un calcaire mélangé de 22 0/0 à 30 0/0 d'argile. Au-dessus de 30 0/0, et jusqu'à 40 0/0, on a encore un ciment, mais de qualité médiocre.

Nous avons hâte de le dire, cette classification des chaux et ciments d'après leurs seules proportions d'argile n'est pas absolument rigoureuse. Plusieurs autres éléments: la silice et l'alumine libres, la magnésie, l'oxyde de fer.... et jusqu'à la méthode de cuisson ont une influence qui, bien que secondaire, n'est pas négligeable. Mais au point de vue de la question qui nous occupe, ce sont là des détails d'un intérêt d'autant plus secondaire que, pour quelques-uns de ces éléments, leur effet sur la qualité de la chaux n'est pas encore parfaitement connu.

Nous voulons seulement retenir de ces observations que l'analyse chimique d'un calcaire ne suffit pas pour établir avec certitude la qualité du produit qu'on obtiendra par la cuisson. L'expérience seule peut renseigner complètement sur ce point.

CHAPITRE II

Usages des chaux hydrauliques et ciments.

HISTORIQUE. — Les produits hydrauliques sont aujourd'hui d'un usage si général que peu de personnes se doutent que l'analyse de leurs propriétés et leurs procédés de fabrication soient de date toute moderne.

C'est VICAT, ingénieur des Ponts et Chaussées, qui vers 1820, a le premier démontré que la propriété dont jouissent les ciments et certaines natures de chaux, de durcir sous l'eau, est due à la proportion d'argile qu'ils renferment.

De là à indiquer le moyen de fabriquer artificiellement ces produits, lorsque la nature n'offre pas à proximité un calcaire de composition convenable, il n'y a qu'un pas, qui fut bientôt franchi. VICAT a complété son œuvre en recherchant et en désignant, sur le territoire de la France, un certain nombre de carrières propres à la fabrication de matériaux hydrauliques.

Notre siècle, si fécond pourtant en inventions grandioses, en a vu peu naître qui aient reçu déjà d'aussi nombreuses et d'aussi importantes applications que les découvertes de VICAT.

Dès 1845, Arago, sollicitant pour l'inventeur une récompense assurément bien légitime, s'exprimait ainsi dans un rapport présenté à la Chambre des députés.

« Cherchons à évaluer en nombres les services que M. VICAT » a rendus à son pays.

» Autrefois, une écluse ne pouvait être solidement fondée » que sur des grillages en charpente, avec épuisements. On la

» bâtissait en totalité avec de la pierre de taille ; encore, après
» toutes ces précautions, était-elle sujette à de fréquentes dé-
» gradations par la détérioration des mortiers de l'intérieur des
» maçonneries. — A raison de ce mode de construction, à rai-
» son surtout des épuisements, certaines écluses coûtèrent jus-
» qu'à 300,000 francs. En moyenne, la dépense n'était pas au-
» dessous de 100,000 francs.

» Aujourd'hui, grâce à la suppression des épuisements, des
» batardeaux..., etc., grâce à l'emploi de petits matériaux, que
» permet la chaux hydraulique, ce prix varie entre 38,000 et
» 50,000 francs. L'économie minimum par écluse est donc de
» 50,000 francs. »

Après avoir développé des calculs analogues pour les économies réalisées sur la construction des barrages, des ponts en
pierre, des ponts suspendus, l'orateur résume ainsi les conséquences des découvertes de VICAT.

« Une conclusion ressort avec évidence de tout ce qui pré-
» cède : c'est qu'en supposant l'art des constructions tel qu'il
» était avant 1818, tel qu'il était avant les recherches de VICAT,
» la plupart des grandes entreprises en cours d'exécution
» seraient entièrement paralysées par des considérations de
» temps et de dépenses. »

« Qu'on juge par les économies passées des économies futures,
» celles-ci devant toujours être proportionnelles aux masses
» croissantes des travaux d'art : l'on arrivera à des chiffres qui
» frapperont d'étonnement les caractères les plus froids. »

Un rapide exposé des usages des produits hydrauliques, jus-
tifiera l'opinion du savant illustre qui, tant de fois, a lu dans
l'avenir.

CHAUX HYDRAULIQUE. — On l'emploie à l'état de *mortier*, c'est-
à-dire mélangée à une matière inerte, le sable, dans la proportion d'environ trois parties de sable pour une partie de chaux.

Ce mortier de chaux hydraulique est d'un usage indiqué et
obligatoire pour tous les travaux à exécuter sur les cours d'eau

ou à la mer, les ponts, les murs de quais, les dérivations d'eau, les égouts, le muraillement des souterrains, enfin pour les fondations dans les terrains aquifères et même pour les maçonneries qui doivent faire leur prise dans l'air humide, dans le sous-sol des édifices, par exemple.

Mais, si étendues que soient ces applications aux cas de maçonneries mouillées, ce n'est qu'un petit côté de la question ; et, en la prenant d'un point de vue plus élevé, nous pouvons dire que la chaux hydraulique a ouvert une voie nouvelle à l'art des constructions.

Un mortier capable de prendre, dans un milieu quelconque et en peu de jours, une dureté égale à celle de la pierre, peut en effet la suppléer entièrement dans les constructions, ou tout au moins la réduire à un rôle secondaire.

Vicat avait indiqué cette conséquence, en construisant en maçonnerie de petit échantillon, des ouvrages que l'on n'aurait pu construire avant lui qu'en pierres de taille. Les culées du pont suspendu de Souillac sont la première application qu'ait faite Vicat de ce principe ; elles ont, pour ce motif, un réel intérêt historique.

Le béton est un nouveau pas en avant fait dans la même voie.

Le béton, en effet, est composé de pierres cassées à la grosseur de celles qui servent à l'empierrement des routes, et agglomérées par une gangue de mortier ; c'est en réalité une maçonnerie dans laquelle les pierres sont de très petit échantillon, et où le mortier joue un rôle prépondérant.

Depuis que la découverte des matériaux hydrauliques permet d'obtenir facilement et en tous lieux un mortier dont le durcissement et la conservation soient assurés, l'usage du béton s'est répandu rapidement.

On l'a d'abord substitué à la maçonnerie ordinaire dans les parties difficiles des fondations. Comme c'est une véritable pâte que l'on peut couler partout, même dans les endroits où un maçon ne pourrait pénétrer, même sous l'eau, et qui durcit

16

ensuite pour former un monolithe aussi résistant que toute maçonnerie, on comprend quel parti l'art des fondations a dû en tirer. Grâce au béton de chaux hydraulique, il est aujourd'hui possible de faire reposer les fondations d'une construction sur sol résistant, sans avoir à se préoccuper des couches de terrain compressible ni même de l'eau.

Une autre application non moins importante du béton de chaux hydraulique consiste dans la *fabrication* de blocs de dimensions telles qu'aucune carrière n'aurait pu en fournir, et au moyen desquels on protège les jetées en mer ou les quais des bassins, contre la violence de la tempête. Ces blocs dépassent souvent 10^{m3} et 15^{m3}, et pèsent de 15,000 à 20,000^k. Il est clair, d'ailleurs, qu'on n'est limité dans leurs dimensions que par les forces dont on dispose pour les manœuvrer après leur durcissement, et les jeter à la mer.

Lorsque les constructeurs ont été familiarisés avec la fabrication et l'emploi de la chaux hydraulique et du béton, on a remarqué que non seulement le béton est, dans certains cas, d'un emploi plus commode que la maçonnerie, mais qu'il peut être aussi plus économique.

Dans cet ordre d'idées, on a construit d'abord en béton des ouvrages d'art, ponts, aqueducs..., puis, à mesure que l'on savait mieux tirer parti de cette matière, des monuments et des maisons particulières.

On voit à combien d'usages déjà a été appliqué le béton. Son prix de revient et les facilités de son emploi accentuent chaque jour la tendance à remplacer la pierre ou les matériaux de construction naturels par cette *pierre factice*, comme on la nomme quelquefois aujourd'hui.

CIMENTS. — Le ciment à prise rapide n'a d'emploi que dans des cas spéciaux, lorsqu'il importe d'agir d'une manière presque instantanée. Il peut rendre, en particulier, d'excellents services, lorsqu'il s'agit d'intercepter un passage qui se serait ouvert à l'eau dans le mur d'un réservoir, dans le muraillement d'un puits de mine..., etc.

Hors ces cas, d'ailleurs assez rares, on lui préfère de beaucoup le ciment à prise lente, tant à cause de sa plus grande
commodité d'emploi que parce qu'il donne des ouvrages plus
durables.

Le ciment s'emploie pur, délayé simplement dans de l'eau,
pour les scellements et pour des enduits de faible épaisseur.

On l'emploie à l'état de mortier, c'est-à-dire additionné de
sable, pour les maçonneries délicates qui, sous une faible épaisseur, demandent une grande résistance, pour les dallages et
les enduits épais, tels que les chapes dont on recouvre les
voûtes en maçonnerie pour les mettre à l'abri des eaux plu-
viales.

Enfin, le ciment se prête à la fabrication d'objets de formes
très variées, destinés soit à la construction, soit à l'ornemen-
tation des édifices : carreaux de dallage, coloriés ou non,
balustrades, corniches, statues, etc.

Nous en avons dit assez pour que le lecteur puisse se rendre
compte de l'importance qu'a prise de nos jours, sur plusieurs
points, la fabrication des produits hydrauliques, importance
qui tend encore à s'accroître.

Le centre principal de production de la chaux hydraulique
en France est le Teil (Ardèche), qui en produit moyennement
500 tonnes par jour.

Viennent ensuite Beffes (Cher), Saint-Astier (Dordogne),
Echoisy (Charentes), et autres d'importance moindre.

Pour les ciments à prise lente, le principal centre de production est Boulogne ; on y fabrique en moyenne 300 tonnes
par jour.

CHAPITRE III

Procédés de fabrication.

Chaux hydraulique. — Nous rappelons que la chaux hydraulique s'obtient par la cuisson d'un calcaire mélangé d'argile dans une proportion convenable.

Quand on ne dispose pas d'un calcaire de composition voulue, la fabrication se complique d'une opération préliminaire pour le préparer artificiellement.

Il y a pour cela deux manières d'opérer :

Si le calcaire dont on dispose est tendre, on le réduit en poudre, puis en pâte ; et c'est en cet état qu'on lui ajoute l'argile nécessaire. — On brasse la pâte énergiquement, afin que le mélange soit bien intime, puis on le découpe en morceaux ayant la forme et la dimension de briques, que l'on met dessécher d'abord sur les fours avant de les livrer ensuite à la cuisson, celle-ci se fait de la même manière que pour le calcaire naturel.

Si, au contraire, le calcaire offre une certaine dureté, au lieu de le broyer, on le fait cuire pour en faire de la chaux, que l'on éteint et que l'on met en pâte. Puis on procède avec cette pâte comme nous l'avons dit ci-dessus ; c'est-à-dire qu'on ajoute l'argile, et que, après avoir malaxé, on forme des briques pour la cuisson.

Ce deuxième procédé donne une chaux dite à *double cuisson*, qui est généralement plus estimée que la précédente.

Dans l'un et l'autre cas, c'est une dépense d'environ 4 francs par mètre cube qui vient, du fait de cette préparation, grever la chaux fabriquée.

Les opérations qui suivent cette préparation préliminaire, c'est-à-dire la cuisson, l'extinction de la chaux, le tamisage ou blutage et la mise en sacs, s'exécutent d'une manière identique pour le calcaire naturel et pour le calcaire artificiel. Nous les décrirons en exposant les procédés de fabrication suivis aux carrières de Beffes.

CIMENT. — Le ciment à prise lente peut s'obtenir, comme la chaux hydraulique, par la cuisson soit d'un calcaire naturel, de composition convenable, soit d'un mélange de calcaire et d'argile.

Il y a toutefois cette différence, entre la fabrication du ciment et celle de la chaux, que la première nécessite une régularité beaucoup plus grande dans la composition de la matière première et exige plus de soins dans la cuisson.

C'est une rare bonne fortune de rencontrer des bancs de calcaire d'une composition suffisamment homogène pour se prêter directement à la fabrication du ciment.

Partout ailleurs il faut recourir au dosage artificiel.

Le calcaire, comme aussi l'argile, doivent être réduits en une pâte fine et claire. On brasse mécaniquement le mélange dans une fosse circulaire, creusée dans le sol et entourée de murs. Des rateaux, que l'on fait tourner soit par un manège à cheval, soit par une machine à vapeur, opèrent ce travail.

Quand la pâte est convenablement délayée, on la fait passer dans de grands bassins, où elle se dépose ; on laisse alors écouler l'eau claire, et la pâte reste au fond des bassins. On la mélange encore une fois à la pelle, afin de détruire le classement des matières par ordre de densité qui aurait pu se faire au moment du dépôt ; puis on la découpe en briquettes que l'on fait dessécher, suivant la saison, soit en plein air, soit dans des hangars chauffés, et on la livre ensuite à la cuisson.

La cuisson s'opère dans un four à cuve, analogue à celui que l'on emploie pour la chaux, mais généralement de plus petites dimensions.

L'opération est conduite d'une manière un peu différente. Au lieu d'être continue, elle est intermittente, c'est-à-dire que, au lieu de charger par le haut du four à mesure que l'on retire de la matière cuite par la grille du bas, on procède par fournées complètes et successives.

La cuisson intermittente a, par rapport à la cuisson continue, l'inconvénient de coûter plus cher, tant en main-d'œuvre qu'en combustible; on est cependant obligé d'y recourir, pour toutes les cuissons délicates, car on est plus maître de diriger à volonté l'opération.

Après défournement, le ciment est concassé, puis broyé en poudre fine dans des appareils semblables aux moulins à blé. — Dans cet état, il pèse de 1,270 à 1,300 kilos le mètre cube.

Aussitôt fabriqué, on le met en tonneaux, car le contact de l'air ne tarderait pas à l'affaiblir, *à l'éventer* suivant l'expression consacrée.

CHAPITRE IV

Description des carrières et des installations de Beffes.

Carrière. — La carrière de calcaire argileux de Beffes forme le versant de la rive gauche de la Loire.

Recouverte d'une assez mince couche de terre végétale, elle atteint une épaisseur qui a été jusqu'à ce jour reconnue sur 26 mètres sans que l'on soit arrivé au fond. La Société des chaux hydrauliques et ciments de Beffes est propriétaire d'une superficie de 6 hectares : elle dispose donc d'un cube d'au moins 1,560,000 mètres à extraire.

Or, la pierre à chaux de Beffes, au sortir de la carrière, pèse de 2,000 à 2,200 kilog. le mètre cube ; la chaux fabriquée mise en poudre pèse environ 500 kilog. le mètre cube. D'où il suit que, déduction faite du poids de l'acide carbonique qui se sépare pendant la cuisson, un mètre cube de calcaire produit 4 mètres cubes de chaux en poudre. On estime cette proportion à 3, dans la pratique.

Conséquemment, une production de 60,000 mètres cubes par an est assurée, pendant 80 ans, par les richesses actuellement reconnues, sans qu'il soit besoin de compter sur des richesses nouvelles et probables qui prolongeront sans doute bien au delà de ce terme l'existence de l'exploitation.

Ce banc, de 26 mètres et plus d'épaisseur, n'est pas un bloc massif. De nombreux lits de stratification horizontaux le divisent en bancs ou couches de faible épaisseur ; et ces bancs eux-mêmes sont découpés par quelques fissures verticales.

Vue à vol d'oiseau de la carrière et des usines.

La conséquence de cette allure du gisement est que l'abattage du calcaire se fait facilement à la pioche, sans exiger, du moins d'une manière courante, l'emploi de matières explosives, poudre ou dynamite, non plus que le travail long et coûteux de la perforation des trous de mines. Et comme les joints de stratification ne sont formés d'autre chose que d'un peu d'argile, on peut charger et livrer aux fours, sans triage préalable, le calcaire tel qu'il est abattu.

On a remarqué que la proportion d'argile tend à augmenter dans les divers bancs de la carrière, à mesure que l'on descend à une plus grande profondeur. La composition de quelques-uns de ces bancs, aussi bien que les résultats des premiers essais, permettent d'espérer que les tentatives faites en vue de la fabrication du ciment seront prochainement couronnées de succès. Voici l'analyse de la couche dont un échantillon a été soumis à une expérimentation.

Eau	Acide carbonique	Chaux	Oxyde de fer	Oxyde de magnésie	Silice et alumine	Sable en grains	Total	Indice d'hydraulicité
2.18	35.49	45.17	»	»	17.15	»	100	$\dfrac{17.15}{45.17} = 38$

Mais s'il reste encore un doute au sujet de la fabrication du ciment, il y a longtemps que l'expérience a prononcé sur la qualité de la chaux hydraulique fabriquée à Beffes.

La marque des chaux de Beffes est connue sur tous les chantiers de construction de la manière la plus avantageuse; elle est acceptée par les Ponts et Chaussées, le Génie militaire et les grandes Compagnies de chemins de fer, dans leurs cahiers des charges, et elle figure sur la série de prix de la ville de Paris.

Dix années d'une fabrication régulière ont fait à ces chaux une réputation qui ne s'est jamais démentie, et lui ont assuré une clientèle dont le rapide accroissement oblige aujourd'hui la Société à donner à ses installations une extension considérable pour les mettre en rapport avec les besoins du marché.

LABORATOIRE. — La Société de Beffes a installé à côté de ses ateliers un laboratoire d'essai.

Ce laboratoire comprend non seulement les appareils nécessaires pour faire l'analyse chimique des calcaires, des chaux et des ciments, mais aussi tous les moyens de s'assurer pratiquément de la valeur des produits obtenus.

C'est d'abord un four d'essai, au moyen duquel il sera facile de se rendre compte du mode de cuisson qui convient le mieux à chaque composition de calcaire suivant la qualité du produit à obtenir.

Puis des appareils connus sous le nom d'*aiguilles de Vicat*, pour mesurer le durcissement des mortiers.

Enfin un appareil permettant de mesurer la résistance des chaux et ciments après durcissement, c'est-à-dire l'effort, en kilogrammes, que peut supporter, sans se rompre, un échantillon de dimension connue.

MONTE-CHARGE. — Le fond de la carrière est, dès aujourd'hui, notablement au-dessous du niveau supérieur des fours, et même du niveau du canal, ainsi que le montre la coupe en travers de l'ensemble des installations.

Il faut donc élever mécaniquement et le calcaire provenant de la carrière et le charbon arrivant par le canal.

On a établi, à cet effet, un monte-charge, au milieu de la rangée des fours.

Ce sont deux pilastres en charpente dans lesquels peuvent circuler deux cages. — Nous ne pouvons mieux faire pour donner une idée de cet appareil que de le comparer à un ascenseur, ou plutôt à deux ascenseurs accolés l'un à l'autre. Les deux cages sont suspendues par deux chaînes, et le mode de suspension est tel que, lorsqu'une cage monte, l'autre descend. Cet ensemble est mis en mouvement par une machine à vapeur.

Celle des cages qui est au fond de la carrière reçoit les

Coupe générale de la carrière et des usines.

wagonnets pleins de calcaire; celle qui se trouve en haut, au niveau des fours, reçoit les wagonnets vides. La machine à vapeur, agissant alors, fait monter la première en même temps que descendre la seconde; on remplace dans chacune d'elles les wagonnets pleins par des wagonnets vides, et inversement, et le même mouvement se reproduit aussi souvent qu'il est nécessaire pour alimenter les fours.

L'élévation du charbon se fait absolument de la même manière; la seule différence est qu'il part, non du fond de la carrière, mais d'un niveau intermédiaire, qui correspond au niveau du canal.

FOURS. — Une opération industrielle qui se pratique sur une aussi vaste échelle que la cuisson de la chaux devait tout naturellement appeler l'attention des inventeurs.

Aussi existe-t-il un grand nombre de modèles de fours à chaux.

Après étude de la question, et pour des considérations dans le détail desquelles il serait trop long d'entrer, on a adopté à Beffes le type connu sous le nom de *Four à cuve et à feu continu.* C'est aussi de beaucoup le plus répandu.

On lui a donné les dimensions suivantes :

Hauteur totale	7^m,00
Diamètre au gueulard . . .	2^m,40
Diamètre maximum, au ventre	2^m,70
Diamètre minimum, à la grille	1^m,50
Capacité du four.	24 mètres cubes.

A la partie inférieure du four existe une grille formée de barreaux en fer, que l'on peut à volonté écarter ou rapprocher, pour faire descendre les matières dont la cuisson est terminée.

A mesure que l'on retire de la chaux cuite, par le bas, la charge du four descend, et on la renouvelle en versant, par le haut, des couches alternatives de calcaire et de combustible.

Monte-charge à vapeur.

La marche du four est continue; mais elle peut être plus ou moins active, suivant les besoins de la vente. Il suffit, pour la ralentir, de diminuer son tirage en le recouvrant d'une couche de cendres.

Ciments et Chaux de Beffes.

Coupe d'un four à chaux.

La production maximum de chacun de ces fours est d'environ 10 mètres cubes de chaux par jour.

Beffes possède 30 fours, dont 7 anciens et 23 récemment construits. On voit que l'on aura toute facilité pour atteindre, avec cet outillage, la production moyenne de 60,000 mètres cubes par an, qui est dans les prévisions. Il sera même facile de dépasser ce chiffre si les besoins l'exigent.

MAGASINS D'EXTINCTION. — Au sortir des fours, la chaux vive est entassée dans des hangars où on l'éteint, au fur et à mesure de l'entassement, en l'arrosant de la quantité d'eau exactement suffisante pour la réduire en poussière sans la réduire en pâte.

Ces magasins, construits en maçonnerie et dallés en mortier de chaux hydraulique, sont confortablement aménagés en vue de faciliter les manutentions de la chaux et son extinction.

Chaque four a devant lui un emplacement couvert suffisant pour emmagasiner sa production pendant un mois entier.

Ciments et Chaux de Beffes

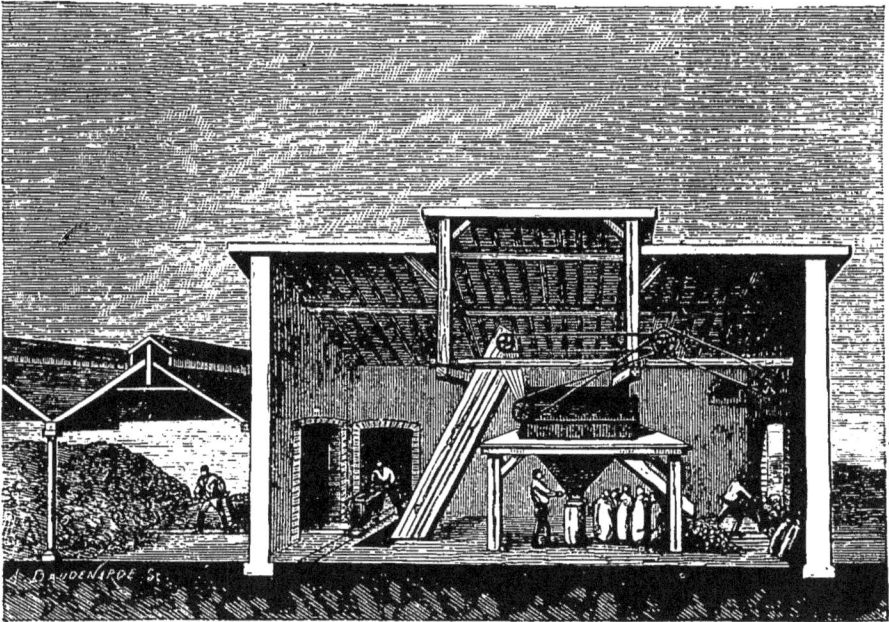

Atelier de blutage et mise en sacs.

ATELIERS DE BLUTAGE. — Malgré tous les soins apportés à la cuisson, il est impossible d'éviter que certains fragments subissent trop ou trop peu l'action de la chaleur.

Dans les deux cas, ces fragments ne se réduisent pas en poussière au moment de l'extinction : aussi est-il est nécessaire que la chaux soit tamisée avant d'être mise en sacs et livrée au commerce.

Les ateliers de blutage sont installés en avant des magasins d'extinction.

L'appareil se compose d'un crible de forme cylindrique ou légèrement conique, tournant autour d'un arbre horizontal. Ce crible est placé à 3^m,00 environ de hauteur au-dessus du sol, de l'usine. La chaux éteinte y est élevée par une noria ou chaîne à godets, et les produits du tamisage tombent dans des trémies placées au-dessous et qui se terminent par des espèces d'entonnoirs pour faciliter l'emplissage des sacs.

La chaux hydraulique est vendue en sacs de la contenance d'un hectolitre. Pour une production de 60,000 mètres cubes, ou 600,000 hectolitres, par an, il ne faut pas moins de 150,000 sacs ; à 1 fr. l'un, c'est une mise de fonds de 150,000 francs. Quant à l'entretien de ce matériel, on l'estime à 10 0/0 de sa valeur, soit 15,000 fr. par an. — Il nous a paru intéressant de montrer, par ce détail, combien les choses qui peuvent paraître, à première vue, insignifiantes, prennent d'importance dans une grande exploitation.

CHAPITRE V

Considérations économiques.

SITUATION GÉOGRAPHIQUE. — La carrière de Beffes est située sur les communes de Beffes et de Marseille-les-Aubigny, canton de Sancergue (Cher).

Elle forme, nous l'avons dit, le versant Est de la Loire, et se trouve assise sur les rives du canal latéral à ce fleuve, à 1,200 mètres environ du point où il fait sa jonction avec le canal du Berry.

Par ces mêmes canaux, elle est reliée aux lignes de chemins de fer de Paris-Lyon-Méditerranée par les deux gares d'eau de la Guerche et de Saincaize, distantes, l'une et l'autre, de 15 kilomètres du siège de l'exploitation.

On voit combien cette situation est exceptionnellement favorable aussi bien pour la réception des charbons, la seule matière première que l'on ne trouve pas sur place, que pour l'expédition des produits.

Beffes est au centre de plusieurs charbonnages avec lesquels les canaux lui assurent des prix de transport avantageux : Blanzy, Decize, Bert, Commentry, Ahun... etc.

D'autre part, il est relié, par eau, avec les principaux centres de consommation, Paris en particulier, et l'avantage de pouvoir employer ce mode de transport économique est d'autant plus important que la chaux, ayant une faible densité, occupe un volume considérable, et peut être classée parmi les marchandises dites *encombrantes*.

17

Afin de retirer tout le bénéfice de cette situation excellente, la Société de Beffes a étudié les moyens d'être à elle-même son entrepreneur de transports, au moins pour les gros tonnages. Dans ce but, et à titre d'essai, elle a fait construire quelques bateaux qu'elle exploitera en régie, et sur lesquels elle espère réaliser une économie notable par rapport aux prix actuels de la batellerie.

MAIN-D'ŒUVRE. — Pour une production moyenne de 60,000 mètres cubes par an, on occupe un personnel d'environ 180 ouvriers, savoir :

Carriers.......................................	40
Chaufourniers (concassage, cuisson, extinction).	80
Bluteurs (y compris la mise en sacs)...........	40
Chargeurs......................................	8
Chauffeurs, machinistes et divers	12
Ensemble...............	**180**

Tous les ouvriers sont payés à forfait, d'après la quantité de chaux fabriquée.

On trouve aisément, dans les villages qui avoisinent la carrière, le nombre suffisant d'ouvriers stables, dont la plupart sont depuis longtemps familiarisés avec cette fabrication.

DISPOSITION GÉNÉRALE DES ATELIERS. — Après avoir décrit en détail les diverses opérations dont la succession constitue la fabrication de la chaux, il ne sera pas sans intérêt de jeter un coup d'œil d'ensemble sur la disposition générale des ateliers.

Si l'on examine la coupe représentant la carrière, les constructions et le canal, on reconnaît que tout a été disposé dans l'ordre le plus logique.

La chaux est prise au fond de la carrière, et élevée une fois pour toutes par le monte-charge; elle passe successivement sans aucune fausse manœuvre, par les fours, les halles d'extinction et les ateliers de blutage et de mise en sacs. — A ce moment, elle se trouve sur la rive même du canal, et de petites voies ferrées conduisent, jusque dans les bateaux, les wagonnets chargés de sacs.

On ne voit pas comment il serait possible d'unir à des conditions naturelles aussi avantageuses une installation des chantiers et des ateliers mieux comprise.

Et si l'on entre dans les détails, on constate partout la même préoccupation de réduire à leur minimum les frais de manutention.

C'est ainsi que le monte-charge, dont le travail est d'environ 3 ou 4 chevaux-vapeur, n'occasionne pas une dépense supérieure à 10 francs par jour, tous frais compris. Or, l'élévation du calcaire et du combustible, par tombereaux traînés sur une rampe, n'eût pas exigé moins de 8 chevaux, soit une dépense d'environ 50 francs par jour.

BÉNÉFICE. — Si l'on rapproche de ces excellentes conditions économiques celles non moins avantageuses qui ont été relevées pour l'écoulement des produits, on ne trouvera pas exagéré le chiffre de 3 francs de bénéfice, par mètre cube, sur lequel, d'après l'avis d'ingénieurs autorisés et, mieux encore, d'après les résultats de son exploitation antérieure, la Société a établi ses prévisions. C'est là un chiffre des plus modestes, un minimum sur lequel il y a lieu de compter d'une manière absolue.

CHAPITRE IV

Situation financière.

La Société des chaux hydrauliques et ciments de Beffes est constituée au capital de 1,250,000 francs représenté par 2,500 actions de 500 francs, entièrement libérées.

Elle a émis en outre 3,000 obligations remboursables à 300 francs en 50 années et produisant 15 francs d'intérêt annuel.

Le bénéfice de 3 francs, tel que nous l'avons fait reporter par mètre cube correspond, pour une production de 60,000 mètres cubes par an, à un bénéfice total de . Fr.   180,000 00

Dont il faut déduire, pour l'intérêt et l'amortissement des obligations, ...   50,000 »

Reste comme bénéfice net. . . . . . . Fr.   130,000 00

résultat largement suffisant, pour assurer une ample rémunération aux actions, tout en opérant un prélèvement respectable pour constituer le fond de réserve.

Nous avons négligé, dans l'établissement de ces prévisions deux sources importantes de bénéfices supplémentaires, qu'il ne serait nullement téméraire de faire entrer en ligne de compte.

C'est tout d'abord le développement de la production, en proportion de l'essor, absolument inconnu jusqu'à ce jour, que prennent actuellement les travaux de construction, tant publics que privés : chemins de fer, canaux, ports, lycées, collèges, écoles, habitations privées, etc.

C'est en second lieu l'espoir de joindre à la fabrication de la chaux hydraulique celle, plus avantageuse encore, du ciment naturel et de tous les produits qui en dérivent.

Du reste, même en s'en tenant aux résultats actuels, ce qui précède montre assez que l'exploitation des carrières de Beffes est une excellente affaire qui offre toute sécurité aux capitaux mis en œuvre et leur assure une rémunération progressive, dès maintenant avantageuse.

Il s'agit en effet d'une industrie dont les produits sont placés à l'avance et dont l'importance ne peut que croître avec le temps; le capital ne court donc pas d'aventure.

D'autre part, la Société des carrières de Beffes n'ayant rien à craindre de la concurrence, pourra maintenir à son gré le prix par mètre cube dont nous avons fait ressortir le bénéfice à 3 francs : la rétribution de son capital, dès maintenant satis-faisante, ne peut ainsi que s'accroître chaque année, et son chiffre d'affaires est appelé, peut-être, à doubler par l'addition à la vente de chaux hydrauliques, du ciment spécial dont on prépare les moyens de fabrication.

L'INDUSTRIE DU MOBILIER

LES ATELIERS ET MAGASINS

DU VIEUX-CHÊNE

A PARIS

LES USINES DU VIEUX-CHÊNE

CHAPITRE PREMIER

Historique.

Notre siècle a vu, nombre de fois déjà, une industrie, débuter dans les conditions les plus modestes, et arriver, par la seule persévérance de ses fondateurs, à occuper le rang le plus élevé dans sa spécialité.

On signalerait difficilement un exemple plus saisissant de cette progression rapide que l'accroissement merveilleux des ateliers du Vieux-Chêne.

Les fondateurs ont eu, en effet, non-seulement à s'élever au premier rang dans leur industrie, mais bien à créer en quelque sorte cette industrie même.

Jusque là, la fabrication des meubles était un métier confiné dans de petits ateliers de menuisiers ou d'ébénistes : c'est d'ateliers de ce genre que sont sorties, en quelques années de progrès constants, de vastes usines puissamment outillées. Ce résultat est l'œuvre de MM. Dieudonné et Dorenlot, fondateurs de la Société du Vieux-Chêne. Nous allons voir par quelles transformations successives ils ont fait surgir d'un établissement des plus modestes l'usine importante que nous nous proposons de décrire.

En 1853, MM. Dieudonné et Dorenlot mettant en commun leur activité et leur intelligence, et un très modeste capital, ouvraient au centre de Paris, rue Beaubourg, une maison pour la vente du bois débité et la fabrication des meubles de cuisine.

Le début, nous l'avons dit, était modeste : un loyer de 3,000 francs et trois ouvriers constituaient toutes les charges.

Le résultat n'en fut pas moins très satisfaisant : dès la première année, le chiffre d'affaires atteignait 80,000 francs et, dès l'année suivante, commence le mouvement ascensionnel qui ne s'est pas arrêté depuis.

Au fur et à mesure des réalisations de bénéfices, MM. Dieudonné et Dorenlot, poursuivant l'exécution du vaste programme qu'ils s'étaient tracé, dès les premiers jours, augmentaient chaque année leurs moyens de production.

En 1866, le local de la rue Beaubourg étant devenu complètement insuffisant pour l'installation des ateliers, MM. Dieudonné et Dorenlot transportèrent ceux-ci rue de Crimée, à la Villette, sur un vaste terrain dont ils s'assurèrent la propriété, et où a été construite plus tard l'usine actuelle. Mais la maison de la rue Beaubourg dont les clients avaient appris le chemin et qui, d'ailleurs, était située dans le quartier spécial au commerce des bois et des gros meubles, ne fut pas abandonnée : on la conserva comme magasin de vente.

Nous trouvons, en 1878, le Vieux-Chêne faisant 1,500,000 fr. d'affaires par an, avec des ateliers et des magasins à la hauteur de cette situation prospère. Mais le 31 juillet 1878, un incendie anéantit entièrement l'usine de la rue de Crimée, constructions, outillage et approvisionnements.

Le dommage était considérable, bien que couvert par des assurances : le montant des évaluations faites contradictoirement avec les Compagnies s'éleva à 798,000 francs.

Cet accident ne découragea pas MM. Dieudonné et Dorenlot, et l'on vit, bientôt après, l'usine renaître de ses cendres, plus complète et mieux outillée que jamais. Son ancienne clientèle ne l'avait d'ailleurs pas abandonnée, malgré une interruption forcée dans ses livraisons. Dès l'année 1879 le chiffre d'affaires atteint en effet 1,600,000 francs, en augmentation de 100,000 francs sur l'exercice 1877.

C'est alors que les fondateurs ont apporté à leur œuvre son dernier complément. Aux objets déjà si variés qu'ils offraient à leur clientèle, ils ont ajouté le meuble de luxe dit *meuble meublant* et la tapisserie.

En 1880 l'établissement du Vieux-Chène a été mis en Société.

CHAPITRE II

Considérations économiques.

La Société du Vieux-Chêne exerce l'industrie du mobilier dans son acception la plus large ; elle a conservé en outre la vente du bois débité pour charpente ou menuiserie.

Ses magasins offrent aux visiteurs tout ce qui constitue l'ameublement des habitations, aussi bien les plus confortables, les plus luxueuses même, que les plus modestes : mobilier de jardin, d'écurie, de cave ; mobilier d'appartement proprement dit, cuisine, salle à manger, salon..., etc. ; mobilier de magasin et d'atelier pour toutes spécialités.

Si vaste qu'il soit, ce programme du mobilier des habitations privées n'entre que pour une part dans les affaires du Vieux-Chêne. La Société a une clientèle spéciale dans les administrations et les édifices publics, etc.

Elle construit dans ses ateliers tout mobilier :

Pour écoles, salles d'asile, lycées, collèges ;

Pour hôpitaux, pour églises ;

Pour bureaux, ministères, administrations ;

Pour grands magasins, pour stations de chemins de fer et pour industries de toute nature.

Cette énumération nécessairement incomplète suffit à montrer le vaste champ d'action dans lequel se meut la Société du Vieux-Chêne. Ajoutons que les circonstances ont admirablement servi les fondateurs. A aucune époque, en effet, le mouvement de construction n'a été aussi actif : maisons

d'habitation, écoles, hôpitaux, chemins de fer, Sociétés industrielles ou financières surgissent de toutes parts, clients nouveaux et obligés de l'industrie du mobilier.

Plus que toute autre ville, Paris est le centre de ce mouvement; c'est donc à Paris que devait naturellement s'établir
cette industrie toute parisienne.

Mais le meuble est, parmi les produits de l'industrie, l'un de
ceux pour lesquels les frais de transport sont les plus insigni-
fiants, relativement à la valeur intrinsèque de l'objet trans-
porté.

Il suit de là que la supériorité résultant comme exécution
et comme prix de revient d'un bon outillage mécanique, au
regard du travail à la main, n'a pas grand'peine à compenser
les frais de transport; la province offre ainsi aux ateliers du
Vieux-Chêne un débouché important.

On a fait peu d'efforts, jusqu'à ce jour, pour tirer parti de
ce débouché, car c'est à peine si, malgré la rapidité de leurs
agrandissements successifs, les ateliers ont pu se tenir à la
hauteur du chiffre sans cesse croissant des commandes. Il y a
donc là un vaste champ à peine exploré.

Il existe seulement deux dépôts, sortes de succursales, portant le nom du Vieux-Chêne, et vendant exclusivement leurs
produits. L'un est à Lille et l'autre à Rouen; leur fondation
remonte à peine à dix années, et déjà ils assurent à la Société
un très important chiffre d'affaires.

En totalité, la province entre actuellement pour un quart, soit
400,000 francs par an, dans les ventes de la Société du Vieux-
Chêne.

On voit, par l'exemple des maisons de Lille et de Rouen,
quelle extension pourra prendre le service de la province, le
jour où l'on s'occupera activement d'engager des relations com-
merciales avec des correspondants ou de fonder des succursales
de vente dans les villes importantes.

Au point de vue de la facilité des transports, l'usine possède d'ailleurs une situation excellente aussi bien pour la réception des produits bruts que pour l'expédition des ouvrages fabriqués. Elle est, en effet, à peu de distance des grandes gares, presque sur le bord du canal Saint-Martin, et en face de la station de la Villette, où elle livre ceux de ses produits qui doivent être expédiés, par voies ferrées, à leur destination.

CHAPITRE III

Description de l'Usine.

CHANTIER DE BOIS. — La vue d'ensemble des bâtiments et chantiers de la rue de Crimée montre, au-delà et sur le flanc des ateliers,

Vieux-Chêne.

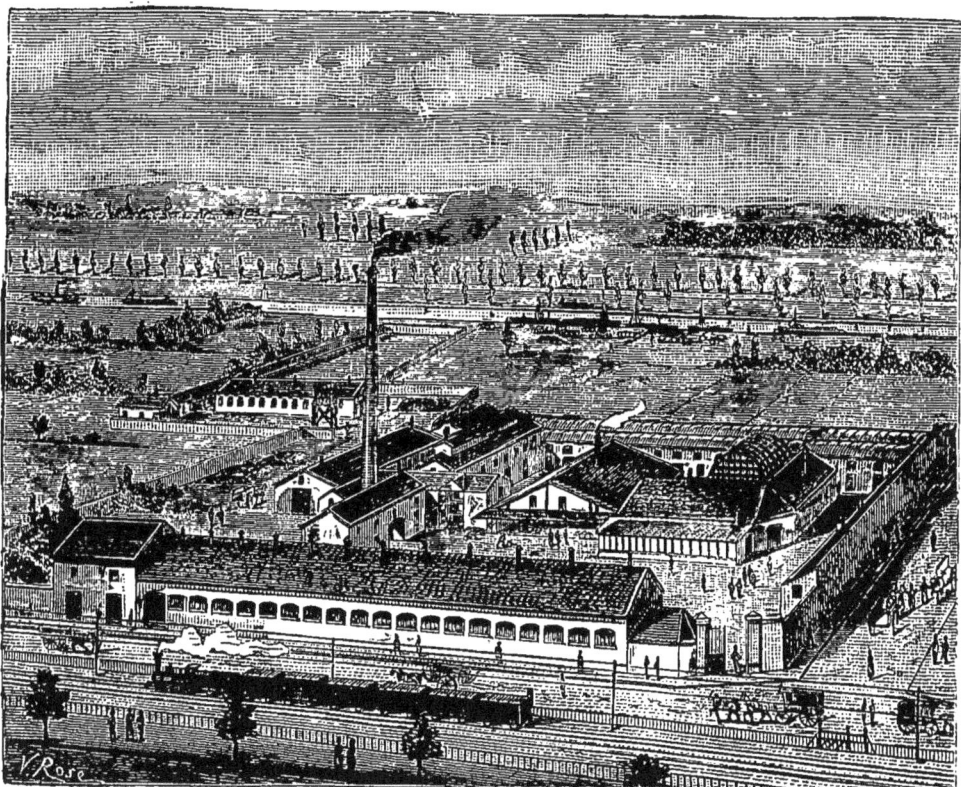

Vue à vol d'oiseau des ateliers et chantiers.

un vaste emplacement servant de magasin pour l'approvisionnement des bois nécessaires à alimenter la fabrication.

Vue des chantiers de bois.

Qu'ils arrivent par les chemins de fer ou par le canal, ces bois sont transportés dans le chantier par voitures.

Pour les planches ou les pièces de petit échantillon, le déchargement se fait à bras d'hommes. Mais lorsque l'on reçoit, comme il arrive fréquemment, des troncs d'un volume et d'un poids considérables, on les soulève au moyen d'une grue mécanique, puis on les dépose sur des petits wagons roulant sur les voies ferrées qui desservent tous les points du chantier et mettent également celui-ci en communication avec l'intérieur des ateliers.

Le dessin représentant la vue du chantier de bois fait voir la manière dont s'exécutent ces diverses manutentions.

On conserve le moins longtemps possible les bois en grume, et l'on se hâte de les débiter en planches ou en pièces de diverses dimensions, afin d'en faciliter le séchage.— On emploie à cette opération la scie à lame sans fin, dont le dessin est ci-contre.

Cette scie, connue sous le nom de *scie à ruban*, se compose d'une lame flexible s'enroulant comme une courroie, sur deux poulies. Le mouvement de rotation de ces poulies donne à cette lame de scie un mouvement continu d'une grande rapidité. — La lame, d'ailleurs, ne change pas de position ; c'est la pièce de bois elle-même qui s'avance et se présente à la scie : la pièce est fixée sur un chariot qui se meut automatiquement lorsque la scie est en mouvement. Cet appareil peut débiter des troncs de 1^m,50 de diamètre.

Une condition absolue, pour faire de bonne menuiserie, c'est de n'employer que du bois sec. Aussi le Vieux-Chêne s'est-il toujours imposé pour règle d'avoir dans ses chantiers des approvisionnements de bois suffisants pour deux années, ce qui, avec le chiffre actuel d'affaires, suppose un stock de plus de 800,000 francs.

HALLE DES MACHINES-OUTILS. — Toutes les machines-outils pour le travail du bois sont réunies dans une immense halle à toiture vitrée de 60 mètres de long sur 25 mètres de large.

Vieux-Chêne.

Scie à débiter les bois en grume.

Le dessin ci-contre représente une vue intérieure de l'atelier. Mais un dessin à une échelle aussi réduite ne peut donner qu'une idée bien imparfaite de cet amoncellement de machines des types les plus divers, mises en mouvement par des transmissions qui sont dissimulées sous le sol, afin de ne pas encombrer les abords des appareils et gêner la circulation, ou qui sont supportées par d'élégants piliers.

Vieux-Chêne.

Scie alternative à six lames.

Nous ne décrirons pas en détail ces diverses machines. Outre que les outils à travailler les bois sont aujourd'hui très répan-

Vieux-Chêne.

Vue intérieure de la grande halle des machines.

dus et connus sans doute de la plupart de nos lecteurs, ces descriptions nous entraîneraient à des détails techniques qui paraîtraient d'autant plus longs qu'ils offriraient moins d'intérêt.

Nous devons cependant signaler certains types créés par les directeurs du Vieux-Chêne, et construits par eux-mêmes dans leurs ateliers.

D'une manière générale, le principe qui domine dans l'outillage du Vieux-Chêne, c'est celui qui consiste à remplacer le mouvement continu des outils par un mouvement alternatif. On se rapproche ainsi davantage du travail de l'homme, que les machines-outils doivent chercher à imiter autant que possible.

Ainsi, tandis que les modèles de scies les plus couramment adoptés sont des scies à lame circulaire et des scies à ruban ou lame sans fin, dans le genre de celle qui sert pour le bois en grume et dont nous avons déjà fait connaître les dispositions, on emploie de préférence, au Vieux-Chêne, des scies animées d'un mouvement alternatif de va-et-vient, comme la scie antique du scieur de long. Ces lames, fixées entre des montants très solides, sont mieux dirigées, en quelque sorte, dans ce système que dans tout autre. — Nous avons représenté ci-contre une scie de ce genre, dont le cadre porte six lames. Cet appareil débite ainsi huit planchés à la fois, dont on règle à volonté l'épaisseur d'après l'écartement des trois lames.

Pour les machines à raboter, la tendance est la même. — Le plus généralement, dans les machines à raboter, l'outil travaille en tournant avec une grande rapidité, en même temps que la pièce soumise à son action avance lentement. — Dans les ateliers du Vieux-Chêne, presque toutes les machines à raboter se composent d'un véritable rabot, absolument semblable à l'outil si connu du menuisier : il n'en diffère que par ses plus grandes dimensions. Ce rabot est animé d'un mouvement rapide de va-et-vient, et travaille sur le bois, de la même manière qu'un ouvrier. Nous représentons ici une de ces machines à raboter, avec le détail du mouvement du châssis

qui porte la pièce à travailler. Cette machine est construite de
façon à pouvoir raboter des pièces ou des panneaux de bois
ayant jusqu'à 1 mètre de largeur, et 15 centimètres d'épaisseur.

Vieux-Chêne.

Machine à raboter.

Enfin, pour faire connaître les principaux types de l'outillage de cet atelier, nous donnons plus loin les dessins d'une
machine à faire les tenons et d'une machine à faire les mortaises.

L'outillage mécanique de l'atelier des machines comprend,
en résumé :

16 scies de divers modèles ;

9 machines à raboter ;

4 machines à faire les tenons ;

6 machines à faire les mortaises ;

4 machines à faire les moulures ;

2 scies à placage ;

1 machine à tailler les queues d'aronde recouvertes.

Vieux-Chêne.

Machine à faire les tenons.

Cette dernière machine est encore peu répandue. Sa puissance de production est telle, qu'avec un seul ouvrier, elle peut fabriquer jusqu'à 200 tiroirs par jour.

Vieux-Chêne.

Machine à faire les mortaises.

ATELIER DES TOURNEURS. — A⁻ l'une des extrémités de la grande halle des machines se trouve l'atelier des tourneurs.

Les tourneurs sont au nombre de 8. Leur outillage se compose uniquement d'outils à main. Ils exécutent les travaux les plus variés : pieds de tables ou de chaises, porte-manteaux, baguettes pour imitation bambou, ainsi que divers petits objets de fantaisie, tels que porte-cigares et porte-allumettes, des modèles les plus variés.

ATELIERS DE MONTAGE. — Les pièces sont préparées au moyen de l'outillage que nous venons de décrire, suivant les modèles et les dessins arrêtés à l'avance.

Lorsqu'il s'agit de meubles de fabrication courante, on entasse toutes les pièces fabriquées dans des compartiments ménagés le long des murs de la grande halle des machines, de sorte que les ateliers ne peuvent être pris au dépourvu par une commande, quelque importante qu'elle soit; il y a constamment en magasin de 35,000 à 40,000 pièces toutes travaillées, prêtes à être montées.

Quand il s'agit au contraire de meubles spéciaux, faits sur commande, les pièces passent directement de l'atelier des machines aux ateliers de montage.

Ces ateliers occupent deux étages, comme le montre le dessin ci-contre.

A chaque étage existe une vaste salle de 50 mètres de long sur 7 mètres de large.

Ici, point de machines; le travail des ouvriers monteurs consiste en un travail d'ajustage, qui demande la plus grande précision. Ils n'ont besoin que des établis ordinaires de menuisiers.

Les ateliers de montage comprennent ensemble 180 établis.

On nous permettra de signaler, en passant, un petit détail, sans doute peu important, mais qui montre bien avec quel soin intelligent toute cette installation a été étudiée. A l'extrémité de chacun des ateliers de montage est une chambre dite *chambre de la colle*. Une cuve en tôle, pleine d'eau, chauffée avec la vapeur de la machine, forme un bain-marie dans lequel de nombreux pots de colle sont constamment à l'état de fluidité convenable.

Outre le travail d'ajustage, on s'occupe, dans cet atelier, à donner la dernière main au travail, par le polissage des surfaces nues, avec du papier à l'émeri.

Vieux-Chêne.

Vue intérieure des ateliers de montage.

ÉTUVE, PEINTURE ET VERNISSAGE. — Les meubles les plus communs sont généralement livrés au sortir de l'atelier de montage. Quelquefois cependant ils ont encore à recevoir une dernière décoration.

Tantôt ils sont cirés, tantôt ils sont vernis, au goût de l'acheteur ; parfois même ils sont peints en imitation.

Nous n'avons rien à dire de ces préparations, qui n'offrent aucun intérêt spécial. Nous devons signaler seulement un genre dans lequel le Vieux-Chêne s'est fait une véritable spécialité: le meuble laqué.

Le meuble qui doit recevoir ce genre de décoration passe tout d'abord dans une étuve chauffée avec de la vapeur à environ 80° centigrades. Le but que l'on se propose est de le mettre à l'épreuve des changements de température qu'il aura plus tard à supporter. — S'il a pris du jeu par suite de ce séchage forcé, on le répare, et on peut ensuite le décorer sans crainte que les variations de température viennent faire éclater la couche de peinture.

EXPÉDITIONS, MAGASIN. — Le meuble, une fois terminé, reçoit sa main-d'œuvre dernière, au rez-de-chaussée d'un vaste local situé à côté de l'atelier de peinture; c'est l'atelier d'emballage et d'expédition.

Une partie de ce rez-de-chaussée et les deux étages qui le surmontent sont occupés par des stocks de meubles fabriqués à l'avance.

On pourrait s'étonner que la Société, qui possède, rue Beaubourg, de vastes magasins, ait encore besoin de constituer un approvisionnement à l'usine. Mais ces deux magasins ne font nullement double emploi.

Les magasins de la rue Beaubourg sont, en effet, affectés à la vente ; mais, si vastes qu'ils soient, la diversité que le Vieux-Chêne offre à l'acheteur est telle que ces magasins ne sont en quelque sorte qu'un étalage. Le véritable approvisionnement des objets de vente courante, approvisionnement qui est nécessaire pour obtenir une certaine régularité dans le travail, malgré les variations de la vente suivant les saisons, se trouve aux ateliers.

Ce magasin offre, en outre, au client qui vient apporter directement sa commande, une grande variété de modèles qui facilitent son choix. Il y existe, en particulier, un spécimen des divers types de mobilier scolaire, et MM. les professeurs apprécient beaucoup cette facilité qui leur est donnée d'examiner dans tous les détails, d'essayer même les divers modèles proposés, avant d'arrêter leur choix.

Vieux-Chêne.

Vue intérieure de l'atelier de forge et d'ajustage.

ATELIER DE FORGE. — Nous n'avons parlé jusqu'ici que du travail du bois. Mais une industrie qui veut être complète, comme est le Vieux-Chêne, ne saurait se passer d'un atelier de forge et d'ajustage.

Cet atelier est d'abord nécessaire pour l'entretien de son matériel : machine motrice, transmissions, machines-outils et outillage des ouvriers. Il sert aussi pour certains travaux dans lesquels le fer ou la fonte s'allient au bois : matériel scolaire, bancs de jardin... etc.

L'atelier de forge et d'ajustage du Vieux-Chêne, qui n'est qu'un accessoire dans cette vaste usine, est à lui seul un petit atelier de construction ; aussi est-ce là qu'a été construit en grande partie l'outillage de l'usine : les machines motrices d'abord et aussi un grand nombre des machines-outils que MM. Dieudonné et Dorenlot ont voulu établir eux-mêmes, ainsi que nous l'avons dit, d'après les indications dictées par leur grande expérience.

Le dessin ci-contre montre une vue intérieure de cet atelier. Son outillage mécanique comprend principalement:

2 feux de forge ;

2 tours ;

4 machines à percer.

MACHINE MOTRICE. — Pour animer cet ensemble, pour donner la vie à toutes ces machines que nous venons de décrire, il faut une force d'environ 80 chevaux-vapeur.

Deux machines motrices y sont employées.

Le dessin ci-contre représente à droite l'intérieur de la salle des machines, et à gauche les chaudières dans lesquelles on produit la vapeur nécessaire pour mettre ces machines en mouvement.

Les deux machines sont simplement juxtaposées, mais elles n'en sont pas moins entièrement indépendantes. C'est là une excellente condition, indispensable pour assurer la marche de l'usine sans arrêt.

Si, en effet, l'une des deux machines exige une réparation, nulle interruption ne se produira dans le travail de l'usine, qui restera desservie par l'autre ; il suffira d'arrêter quelques-uns

Vue intérieure de la salle des machines et des chaudières.

des outils, ceux qui prennent le plus de force et dont le travail est le moins urgent. C'est un ralentissement momentané
au lieu d'un arrêt absolu, et les ouvriers ne sont pas exposés
à perdre une journée de leur travail par suite de la rupture
d'une pièce de machine.

MAIN-D'ŒUVRE. — Quelle que soit la force mécanique dépensée
pour mettre en mouvement ces nombreux et puissants outils,
l'intervention de l'ouvrier n'en est pas moins indispensable,
soit pour distribuer le travail aux machines, soit pour les
diriger.

Le travail de montage, surtout, qui ne peut se faire qu'à la
main, exige beaucoup de main-d'œuvre.

Voici d'ailleurs le nombre approximatif d'ouvriers employés
dans les ateliers du Vieux-Chêne.

Ouvriers aux machines.	70
Monteurs	180
Peintres.	20
Manœuvres dans le chantier de bois.	20
Chauffeurs et mécaniciens	10
Divers	20
Ensemble.	320

MAGASIN DE VENTE. — Les magasins de vente sont restés,
nous l'avons dit, rue Beaubourg, au centre même de Paris.

Mais si l'emplacement est resté le même depuis la création,
les aménagements ont été souvent transformés.

La dernière transformation a été, de toutes, la plus importante, et les magasins actuels, récemment reconstruits à neuf,
sont merveilleusement disposés pour faciliter aux acheteurs la
visite des objets si variés mis en vente, et aussi le déplace-
ment continuel des marchandises.

La description détaillée en est impossible : les deux dessins
ci-contre représentent l'un une vue intérieure, l'autre une vue

extérieure. Ils permettent de saisir d'un coup d'œil tous les aménagements.

Au centre, un vaste hall sur lequel prennent jour les galeries étagées; dans le fond, un élégant escalier, à côté duquel est établi un ascenseur.

Vieux-Chêne.

Vue extérieure des magasins de vente, rue Beaubourg, à Paris.

La devanture, entièrement vitrée, laisse passer, à travers l'ensemble de meubles de toute forme, une lumière abondante, nécessaire à l'examen.

Au rez-de-chaussée sont établis les bureaux.

En outre de ces vastes magasins, la Société possède deux annexes dans deux maisons voisines.

Vue intérieure des magasins de vente.

CHAPITRE IV

Constitution de la Société. — Bénéfices.

L'industrie que nous venons de décrire a été constituée en Société anonyme au commencement de l'année 1880, sous la désignation de :

Société anonyme du Vieux-Chêne.

Son capital à été fixé à 3,000,000 de francs, divisé en 6,000 actions de 500 francs chacune, entièrement libérées.

Il n'existe point d'obligations.

Une large rémunération du capital est, dès cette année, parfaitement assurée.

En effet, le chiffre d'affaires dépasse, comme nous l'avons dit : 1,500,000 francs. — De plus, les ateliers étant surchargés de commandes, il est clair que l'on n'accepte que les travaux avantageux, et à des prix rémunérateurs : dans ces conditions on peut compter sur un bénéfice net de 12 0/0 du chiffre d'affaires.

C'est donc un bénéfice annuel net d'au moins 180,000 francs, soit 6 0/0 du capital engagé.

Ce bénéfice est, d'ailleurs, un minimum : il ne s'applique qu'à la fabrication du meuble courant. Or le lecteur n'a pas oublié que le Vieux-Chêne vient d'ajouter à sa spécialité la fabrication et la vente du meuble de luxe. La Société trouvera dans ce nouveau produit une augmentation de bénéfices en même temps qu'un moyen d'étendre ses relations et sa clientèle.

— D'autre part, on s'occupe activement d'agrandir encore les ateliers, pour faire face aux besoins des commandes. Le chiffre annuel des ventes est donc loin d'avoir atteint son maximum ; il continuera au contraire la marche ascendante qu'il n'a cessé de suivre depuis la création des Usines du Vieux-Chêne.

Le Notice sur les ateliers de la Société du Vieux-Chêne termine la série des monographies formant le premier volume de l'*Album industriel illustré* de la **Banque de Prêts à l'Industrie.**

Un deuxième volume est dès maintenant en préparation. Il comprendra plus spécialement les industries qui se rattachent à l'agriculture : la fabrication et le commerce des engrais, le matériel agricole, et les aménagements agricoles, c'est-à-dire les travaux d'irrigation, de drainage, etc.

La **Banque de Prêts à l'Industrie** n'a pas donné son suprême effort sur le terrain de l'industrie agricole. Mais elle saura, en temps opportun, compléter son fonctionnement par un rouage nouveau dont l'organisation est dès maintenant préparée, et dont la THÉORIE DU CRÉDIT exposée en tête de ce premier volume indique suffisamment l'opportunité, au regard des besoins à satisfaire dans toutes les branches de notre agriculture nationale.

TABLE DES MATIÈRES

IMPRIMERIE CENTRALE DES CHEMINS DE FER. — A. CHAIX ET Cⁱᵉ, RUE BERGÈRE, 20, A PARIS. — 21589-0.

www.ingramcontent.com/pod-product-compliance
Lightning Source LLC
Chambersburg PA
CBHW070243200326
41518CB00010B/1668